小学3年生

基礎から活用まで

まるっと算数プリント

フォーラム・A

2020年4月からの新教育課程にあわせて編集したのが本書です。本シリーズは小学校の算数の内容をすべて取り扱っているので「まるっと算数プリント」と命名しました。

はじめて算数を学ぶ子どもたちも、ゆっくり安心して取り組めるように、問題の質や量を検討しました。算数の学習は積み重ねが大切だといわれています。1日10分、毎日の学習を続ければ、算数がおもしろくなり、自然と学習習慣も身につきます。

また、内容の理解がスムースにいくように、図を用いたりして、わかりやすいくわしい解説を心がけました。重点教材は、念入りにくり返して学習できるように配慮して、まとめの問題でしっかり理解できているかどうか確認できるようにしています。

各学年の内容を教科書にそって配列してありますので、日々の家庭学習にも十分使えます。

このようにして算数の基礎基本の部分をしっかり身につけましょう。

算数の内容は、これら基礎基本の部分と、それらを活用する力が問われます。教科書は、おもに低学年から中学年にかけて、計算力などの基礎基本の部分に重点がおかれています。中学年から高学年にかけて基礎基本を使って、それらを活用する力に重点が移ります。

本書は、活用する力を育てるために「特別ゼミ」のコーナーを新設しました。いろいろな問題を解きながら、算数の考え方にふれていくのが一番よい方法だと考えたからです。楽しみながらこれらの問題を体験して、活用する力を身につけましょう。

本書を、毎日の学習に取り入れていただき、算数に興味をもっていただくとともに活用する力も伸ばされることを祈ります。

特別ゼミ　虫食い算

右にあるのはたし算の虫食い算です。4に何かをたすと1になるのは、くり上がりのときしかありません。4+7=11ですから、4の上のマスは7です。十の位は、くり上がりなしで2だけ増えればよく、一の位からくり上がりを考えると、8の上のマスは1です。百の位は2+2=4で、2の下のマスは4です。あれやこれやと考えるとよいでしょう。

```
   2 6 □
+  2 □ 4
---------
   □ 8 1
```

目 次

かけ算のきまり ①

学習日　月　日　名前

色をぬろう　わからない　だいたいできた　できた！

1 九九の表（ひょう）をかんせいさせましょう。

かける数（横）／かけられる数（縦）

×	1	2	3	4	5	6	7	8	9
1									
2									
3			9						
4							28		
5									
6				24					
7									63
8		16							
9						54			

2 九九の表から□に同じ答えになる式（しき）を入れましょう。

① $4 \times 5 =$ □

② $3 \times 9 =$ □

③ $7 \times 5 =$ □

④ $6 \times 8 =$ □

3 九九の表を見て、答えが24になる式をかきましょう。

（　　　　）（　　　　）

（　　　　）（　　　　）

かけ算では、かけられる数とかける数を入れかえても、答えは同じです。

1 かけ算のきまり ②

学習日　月　日　名前

1 次(つぎ)の□に数をかきましょう。

	かける数								
かけられる数	1	2	3	4	5	6	7	8	9
6	6	12	18	24	30	36	42	48	54

① $6 \times 2 = 6 \times \square + 6$

② $6 \times 3 = 6 \times \square + 6$

③ $6 \times 8 = 6 \times \square - 6$

④ $6 \times 7 = 6 \times \square - 6$

⑤ $6 \times 4 = 6 \times 3 + \square$

⑥ $6 \times 4 = 6 \times 5 - \square$

2 □にあてはまる数をかきましょう。

① 3×6 は、3×5 より□だけ大きい。

② 3×8 は、3×9 より□だけ小さい。

③ 7×5 は、7×4 より□だけ大きい。

④ 7×7 は、7×8 より□だけ小さい。

⑤ 5×4 は、$5 \times \square$ より5だけ大きい。

⑥ 5×5 は、$5 \times \square$ より5だけ小さい。

　かける数が1ふえると、答えはかけられる数だけ大きくなります。
　また、かける数が1へると、答えはかけられる数だけ小さくなります。

1 かけ算のきまり ③

学習日　月　日　名前

色をぬろう　わからない　だいたいできた　できた！

1 おはじきゲームをしました。

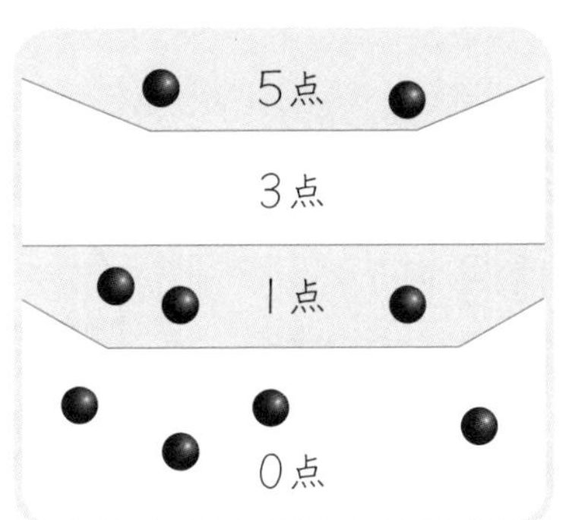

① おはじきが入った数を表(ひょう)にかきましょう。

5点	3点	1点	0点

② とく点を調(しら)べましょう。

点数 × 入った数 ＝ とく点

㋐ 5 × □ ＝ □

㋑ 1 × □ ＝ □

③ 3点は、おはじきがないので0点です。

点数　入った数　とく点

3 × □ ＝ □

④ 0点は、おはじきが入っても0点です。

点数　入った数　とく点

□ × □ ＝ □

2 次(つぎ)の計算をしましょう。

① $1 \times 0 =$ □　② $2 \times 0 =$ □

③ $4 \times 0 =$ □　④ $7 \times 0 =$ □

⑤ $8 \times 0 =$ □　⑥ $9 \times 0 =$ □

どんな数に0をかけても、
答えは0になります。

3 次の計算をしましょう。

① $0 \times 1 =$ □　② $0 \times 2 =$ □

③ $0 \times 5 =$ □　④ $0 \times 6 =$ □

⑤ $0 \times 9 =$ □　⑥ $0 \times 0 =$ □

0にどんな数をかけても、
答えは0になります。

2 時こくと時間 ①

学習日　月　日　名前

1 午前8時10分から午前8時40分までの間は、何分間ですか。

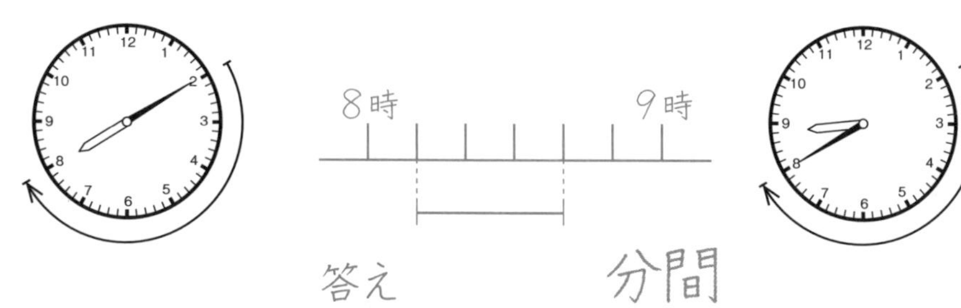

答え　　分間

2 午前7時15分から午前7時50分までの間は、何分間ですか。

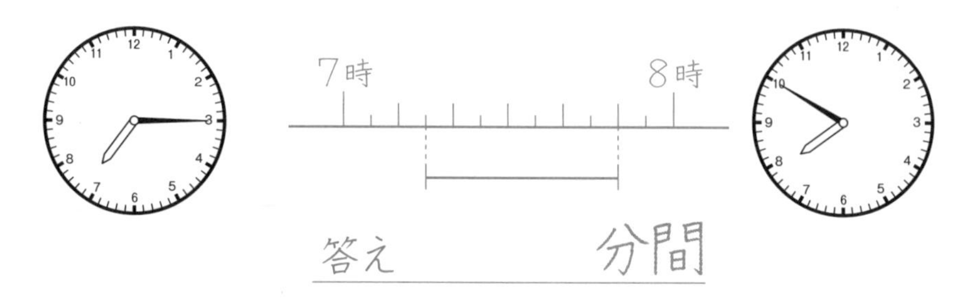

答え　　分間

3 午後3時35分から午後4時15分までの間は、何分間ですか。

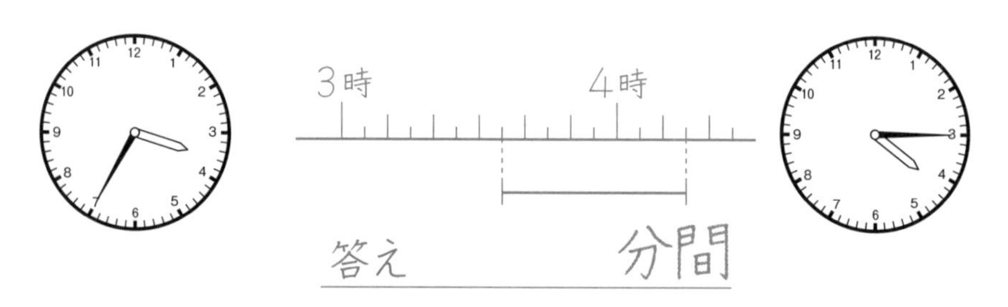

答え　　分間

4 次（つぎ）の**ア**、**イ**の時こくをかき、その間の時間**ウ**をもとめましょう。

① 5月3日の午前です。

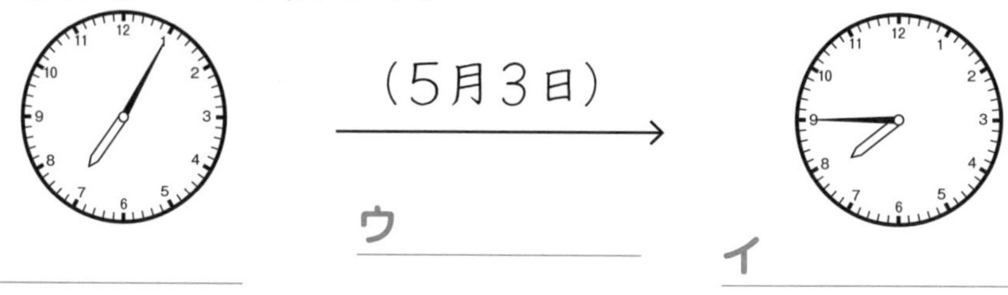

ア　　ウ　　イ

② 5月5日の午後です。

ア　　ウ　　イ

5 兄は、午前9時20分に家を出て野球（やきゅう）の練習（れんしゅう）に行きました。そして、午後3時40分に家に帰ってきました。その間の時間は何時間何分ですか。

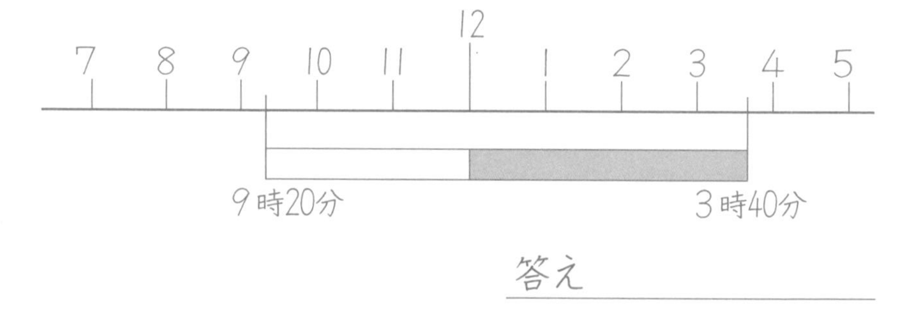

答え

2 時こくと時間 ②

学習日　月　日
名前

1日を0時から24時で表(あらわ)すことができます。

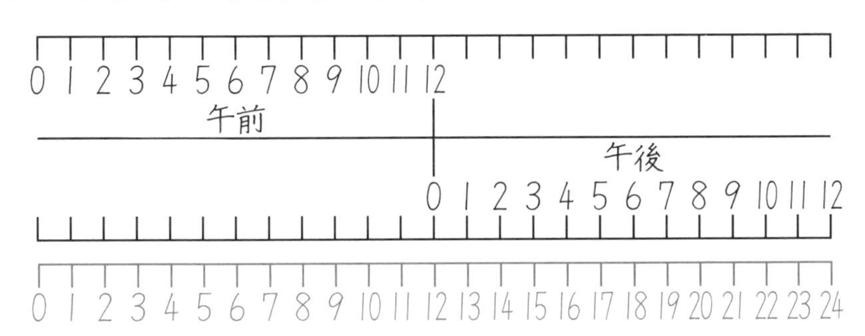

これを **24時間せい** といいます。
24時間せいでは、午後1時は、13時になります。

1 次(つぎ)の時こくを24時間せいで表しましょう。

① 午後3時・・・・・・・・　　時

② 午後5時・・・・・・・・　　時

③ 午後7時・・・・・・・・　　時

2 次の時こくを24時間せいで表しましょう。

① 午後6時・・・・・・・・　　時

② 午後9時・・・・・・・・　　時

③ 午後11時・・・・・・・・　　時

3 次の時こくは、午後何時ですか。

① 16時・・・・・・・・午後　　時

② 20時・・・・・・・・午後　　時

③ 22時・・・・・・・・午後　　時

2 時こくと時間 ③

学習日　月　日　名前

1分より短い時間のたんいに **秒** があります。

1分＝60秒

犬は、100mを6秒くらいで走ります。

チーターは、100mを3秒くらいで走ります。

イルカは、50mを2秒くらいで泳ぎます。

1 しゅんさんは運動場のトラックを1しゅうを80秒で走りました。あきさんは1分10秒で走りました。どちらが何秒速く走りましたか。

　　　　さんが　　　　秒速く走った

2 次の時間を秒にしましょう。

① 1分20秒

↓　↘

60秒＋20秒　　答え

② 2分20秒

↓　↘

120秒＋20秒　　答え

3 次の時間を分と秒になおしましょう。

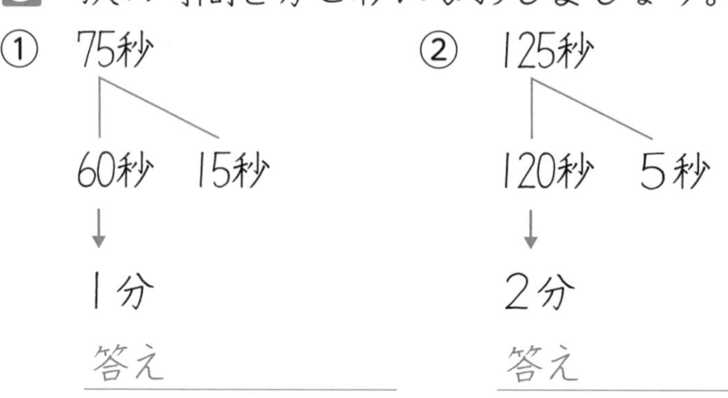

4 次の時間を何秒になおしましょう。

① 2分　答え

② 5分　答え

③ 3分20秒　答え

④ 4分10秒　答え

5 次の時間を何分何秒になおしましょう。

① 90秒　答え

② 130秒　答え

③ 150秒　答え

④ 205秒　答え

2 時こくと時間 ④ まとめ

学習日　月　日　名前　　点　ごうかく 80〜100点

1 □に数をかきましょう。（1つ5点）

① 1分＝□秒(びょう)　② 1時間＝□分

③ 午前は□時間　④ 午後は□時間

⑤ 1日＝□時間　⑥ 昼の□時は正午

2 □にあてはまる数をかきましょう。（1つ5点）

① 1分30秒＝□秒

② 190秒＝□分□秒

③ 2時間40分＝□分

④ 午後8時＝□時（24時間せい）

3 □に時間のたんいをかきましょう。（1つ5点）

① 50m走るのにかかった時間……9□

② 学校の昼休みの時間……………20□

③ 学校へ行っている時間…………7□

4 ㋐の時こくから㋑の時こくまでの時間をもとめましょう。（1つ5点）

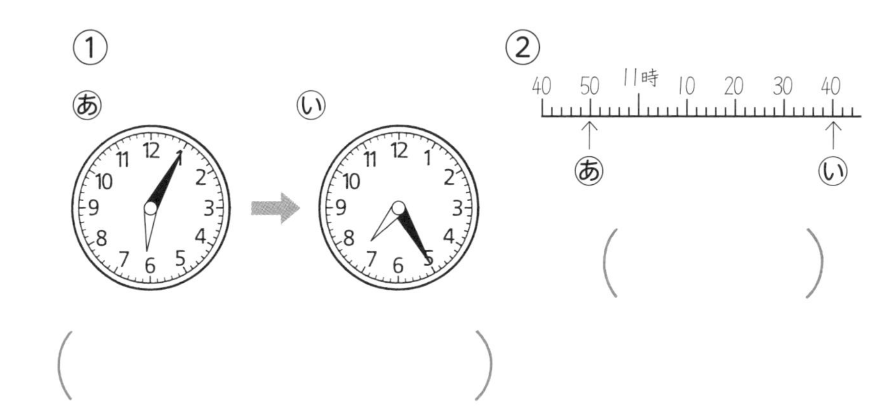

①（　　　）　②（　　　）

5 次(つぎ)の計算をしましょう。（1つ5点）

① 7秒＋3秒＝□秒

② 50秒+20秒＝□秒
＝□分□秒

③ 15分＋25分＝□分

④ 30分＋40分＝□分
＝□時間□分

⑤ 6時間＋8時間＝□時間

3 わり算 ①

学習日　月　日　名前

1 ケーキが12こあります。

① 2つの箱(はこ)に同じ数ずつ分けます。
1箱何こになりますか。

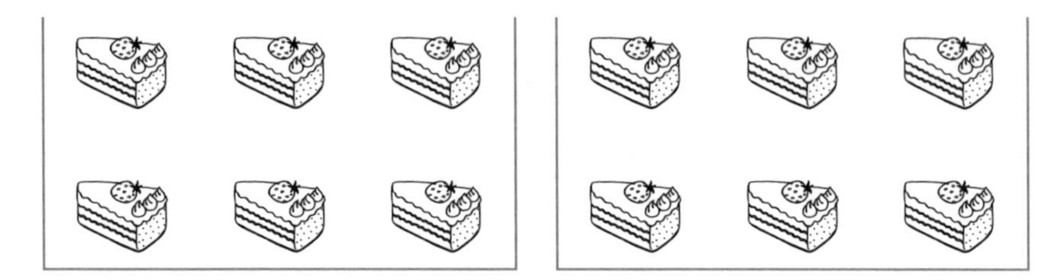

式(しき) 12 ÷ 2 ＝ 6

答え

② 3つの箱に同じ数ずつ分けます。
1箱分は何こになりますか。

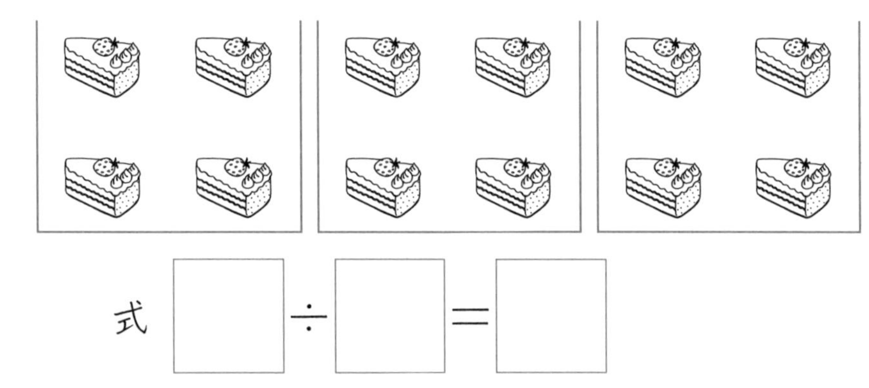

式 □ ÷ □ ＝ □

答え

③ 4つの箱に同じ数ずつ分けます。
1箱分は何こになりますか。

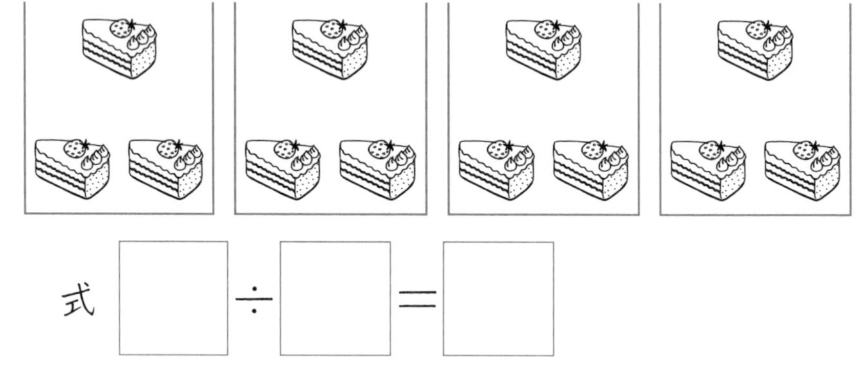

式 □ ÷ □ ＝ □

答え

④ 6つの箱に同じ数ずつ分けます。
1箱分は何こになりますか。

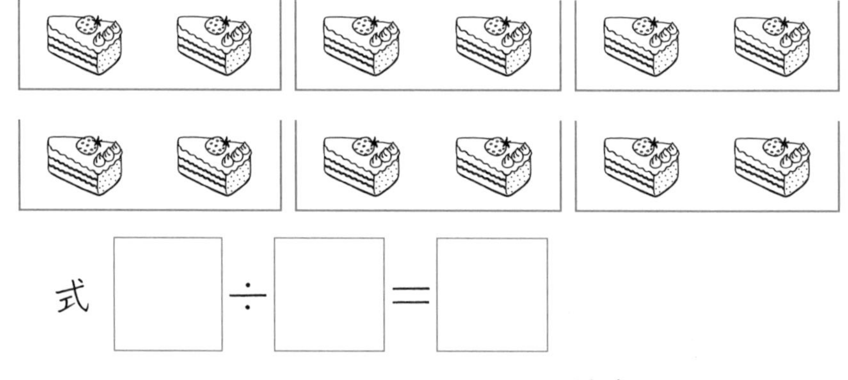

式 □ ÷ □ ＝ □

答え

3 わり算 ②

学習日　月　日　｜　名前

色をぬろう　わからない　だいたいできた　できた！

1 ケーキが12こあります。

① ケーキを2こずつ箱(はこ)に入れます。
何箱いりますか。

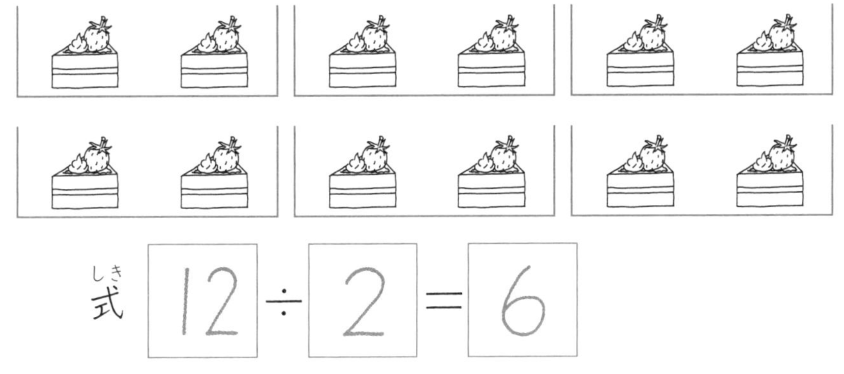

式(しき) 12 ÷ 2 ＝ 6

答え ＿＿＿＿＿＿

② ケーキを3こずつ箱に入れます。
何箱いりますか。

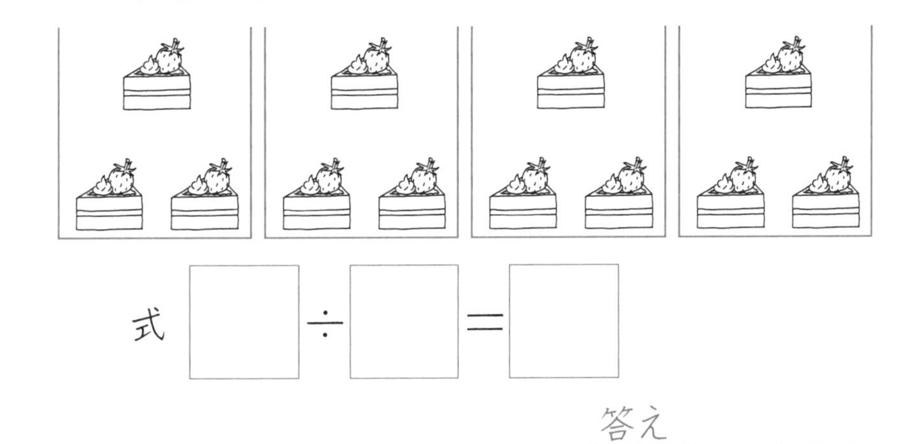

式 □ ÷ □ ＝ □

答え ＿＿＿＿＿＿

③ ケーキを4こずつ箱に入れます。
何箱いりますか。

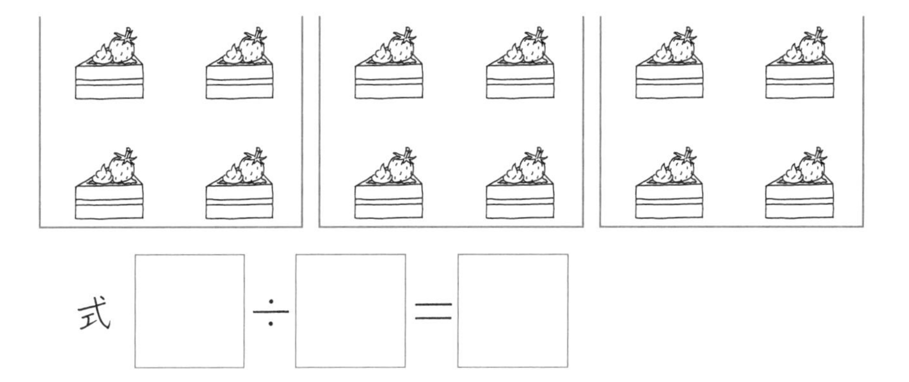

式 □ ÷ □ ＝ □

答え ＿＿＿＿＿＿

④ ケーキを6こずつ箱に入れます。
何箱いりますか。

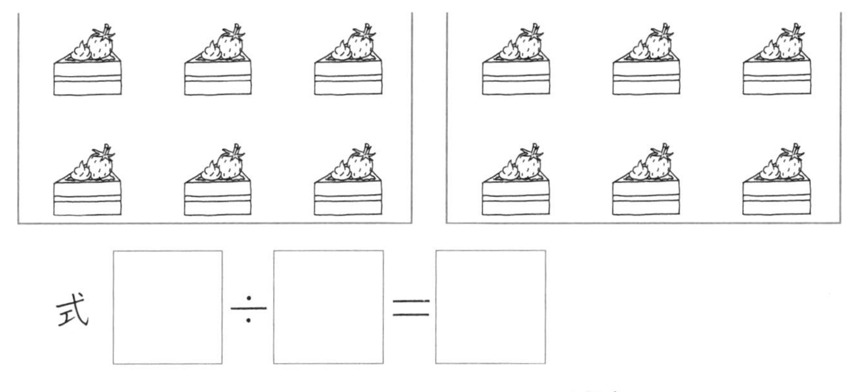

式 □ ÷ □ ＝ □

答え ＿＿＿＿＿＿

3 わり算 ③

学習日　　月　　日

名前

色をぬろう　わからない　だいたいできた　できた！

1 20このあめがあります。これを5人で同じ数ずつ分けます。

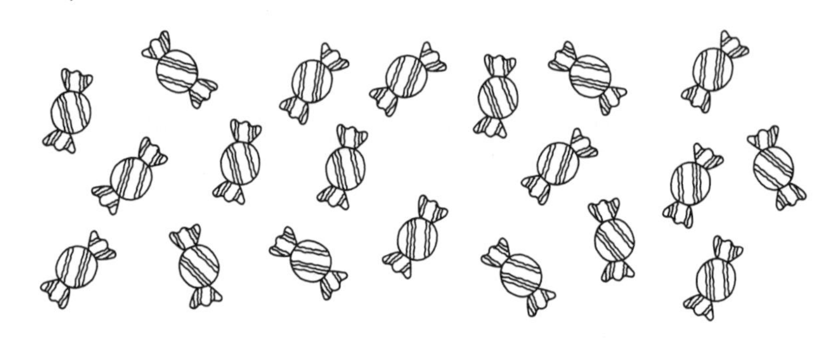

① 5人で同じ数ずつ分けやすいように、ならべかえた図をかきましょう。

5人

1人分

○	○	○	○	○
○	○	○	○	○
○	○	○	○	○
○	○	○	○	○

② 1人分は何こになりますか。

答え

2 18このキャラメルがあります。3こずつ子どもに配（くば）ります。

① 3こずつ配りやすいように、ならべかえた図をかきましょう。

□	□	□	□	□	□
□	□	□	□	□	□
□	□	□	□	□	□

② 何人の子どもに配れますか。

答え

1人分をもとめるときも、何人に分けられるかをもとめるときも、わり算の式になります。

3 わり算 ④

学習日　月　日　　名前

色をぬろう　わからない　だいたいできた　できた！

1 24このクッキーを、6人で同じ数ずつ分けます。1人分は何こですか。

式（しき） ＿＿＿＿＿＿＿＿

答え ＿＿＿＿＿＿

2 15まいの画用紙を、5人で同じ数ずつ分けます。1人分は何まいですか。

式 ＿＿＿＿＿＿＿＿

答え ＿＿＿＿＿＿

3 30この湯飲（ゆの）みを、6つの箱（はこ）に同じ数ずつ入れます。1箱分は何こですか。

式 ＿＿＿＿＿＿＿＿

答え ＿＿＿＿＿＿

4 次（つぎ）の計算をしましょう。

①	$18 \div 9 =$ □	②	$30 \div 6 =$ □
③	$24 \div 8 =$ □	④	$9 \div 3 =$ □
⑤	$49 \div 7 =$ □	⑥	$45 \div 5 =$ □
⑦	$72 \div 9 =$ □	⑧	$20 \div 4 =$ □
⑨	$18 \div 3 =$ □	⑩	$8 \div 2 =$ □
⑪	$30 \div 5 =$ □	⑫	$27 \div 3 =$ □
⑬	$45 \div 9 =$ □	⑭	$28 \div 7 =$ □
⑮	$14 \div 7 =$ □	⑯	$48 \div 8 =$ □
⑰	$28 \div 4 =$ □	⑱	$20 \div 5 =$ □

3 わり算 ⑤

学習日　月　日　名前

色をぬろう　わからない　だいたいできた　できた！

1 24このクッキーを、6こずつふくろに入れます。何ふくろできますか。

式 ＿＿＿＿＿＿＿＿

答え ＿＿＿＿＿＿

2 15まいのおり紙を、1人に5まいずつ配ります。何人に配れますか。

式 ＿＿＿＿＿＿＿＿

答え ＿＿＿＿＿＿

3 30このかんづめを、6こずつ箱に入れます。何箱できますか。

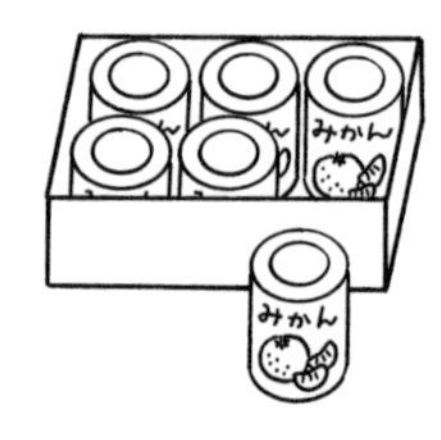

式 ＿＿＿＿＿＿＿＿

答え ＿＿＿＿＿＿

4 次の計算をしましょう。

① $35 \div 7 =$ □　② $16 \div 2 =$ □

③ $24 \div 4 =$ □　④ $56 \div 8 =$ □

⑤ $27 \div 9 =$ □　⑥ $32 \div 4 =$ □

⑦ $35 \div 5 =$ □　⑧ $27 \div 3 =$ □

⑨ $10 \div 2 =$ □　⑩ $54 \div 6 =$ □

⑪ $36 \div 6 =$ □　⑫ $25 \div 5 =$ □

⑬ $16 \div 8 =$ □　⑭ $56 \div 7 =$ □

⑮ $12 \div 6 =$ □　⑯ $32 \div 8 =$ □

⑰ $12 \div 3 =$ □　⑱ $54 \div 9 =$ □

3 わり算 ⑥

学習日　月　日　名前

色をぬろう　わからない　だいたいできた　できた！

1 64cmのテープを、同じ長さで8つに切ります。1つの長さは、何cmになりますか。

式

答え

2 40本のきくの花を、5本ずつたばねます。きくのたばは、何たばになりますか。

式

答え

3 32人を、同じ人数の4つのグループに分けます。1グループは、何人になりますか。

式

答え

4 次の計算をしましょう。

① $36 \div 9 =$ □　② $16 \div 8 =$ □

③ $15 \div 5 =$ □　④ $36 \div 4 =$ □

⑤ $64 \div 8 =$ □　⑥ $40 \div 5 =$ □

⑦ $21 \div 3 =$ □　⑧ $6 \div 2 =$ □

⑨ $42 \div 7 =$ □　⑩ $18 \div 6 =$ □

⑪ $63 \div 9 =$ □　⑫ $12 \div 2 =$ □

⑬ $24 \div 6 =$ □　⑭ $15 \div 3 =$ □

⑮ $63 \div 7 =$ □　⑯ $81 \div 9 =$ □

⑰ $72 \div 8 =$ □　⑱ $16 \div 4 =$ □

4 たし算とひき算 ①

学習日　月　日　名前

色をぬろう　わからない　だいたいできた　できた！

1 姉さんは、213円のサラダと132円の食パンを買いました。あわせて何円ですか。

式（しき）　□ ＋ □

百のくらい	十のくらい	一のくらい
(100)(100)	(10)	(1)(1)(1)
＋ (100)	(10)(10)(10)	(1)(1)
(100)(100)(100)	(10)(10)(10)(10)	(1)(1)(1)(1)(1)
3	4	5

一のくらいからじゅんに計算します。

一のくらいは
3＋2＝5

十のくらいは
1＋3＝4

百のくらいは
2＋1＝3

	2	1	3
＋	1	3	2
	3	4	5

答え

2 次（つぎ）の計算をしましょう。

①

	1	4	6
＋	4	2	3

②

	2	4	5
＋	7	5	1

③

	6	4	3
＋	2	3	1

④

	2	4	7
＋	4	5	1

⑤

	3	0	5
＋	5	2	1

⑥

	2	3	4
＋	3	4	0

たし算とひき算 ②

学習日　　月　　日　名前

1 兄さんは、236円のボールペンと126円のけしゴムを買いました。あわせて何円ですか。

式（しき）　□ ＋ □

	百のくらい	十のくらい	一のくらい
	(100)(100)	(10)(10)(10)	(1)(1)(1)(1)(1)(1)
＋	(100)	(10)(10)	(1)(1)(1)(1)(1)(1)
	(100)(100)(100)	(10)(10)(10)(10)(10)(10)	(1)×10 (1)(1)
	3	6	2

一のくらいは
6＋6＝12（くり上がる）

十のくらいは
3＋2＋1＝6

百のくらいは
2＋1＝3

	2	3	6
＋	1	2	6
	3	6	2

くり上がった！

答え

2 次（つぎ）の計算をしましょう。

①

	2	3	5
＋	5	4	8

②

	4	4	6
＋	2	2	7

③

	2	4	7
＋	3	2	8

④

	4	3	1
＋	2	9	4

⑤

	4	7	1
＋	3	4	6

⑥

	5	8	2
＋	1	2	6

4 たし算とひき算 ③

学習日　　月　　日　名前

1 春野さんは、367円のはさみと378円のホッチキスを買いました。あわせて何円ですか。

式（しき）　□ ＋ □

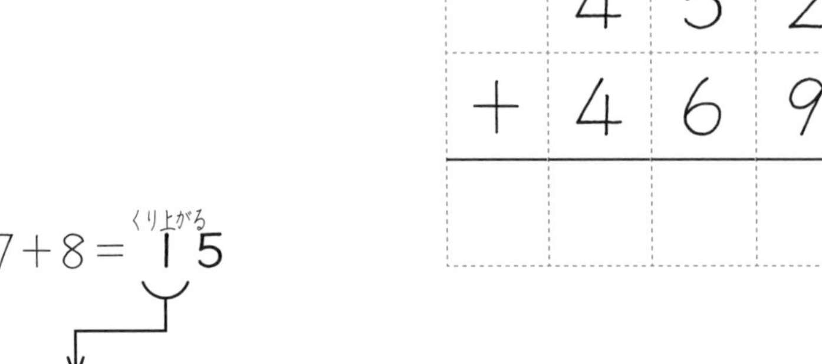

百のくらい	十のくらい	一のくらい
7	4	5

一のくらいは
7＋8＝15（くり上がる）

十のくらいは
6＋7＋1＝14（くり上がる）

百のくらいは
3＋3＋1＝7

	3	6	7
＋	3	7	8
	7	4	5

答え

2 次（つぎ）の計算をしましょう。

①
	4	5	2
＋	4	6	9

②
	2	7	4
＋	5	7	8

③
	3	7	6
＋	2	9	6

④
	3	4	8
＋	5	9	7

⑤
	6	2	5
＋	1	9	8

⑥
	4	9	7
＋	3	7	6

たし算とひき算 ④

学習日	名前
月　日	

色をぬろう　わからない　だいたいできた　できた！

1 秋山さんは、278円のピーナッツと425円のせんべいを買いました。あわせて何円ですか。

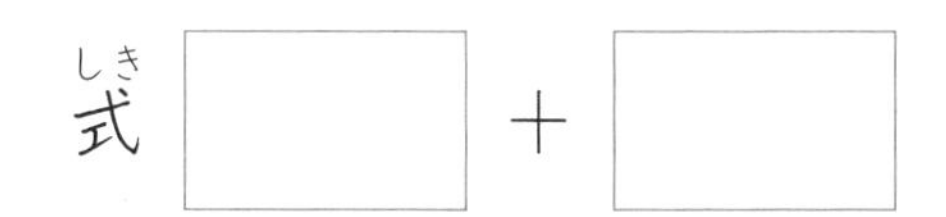

式（しき）　□ ＋ □

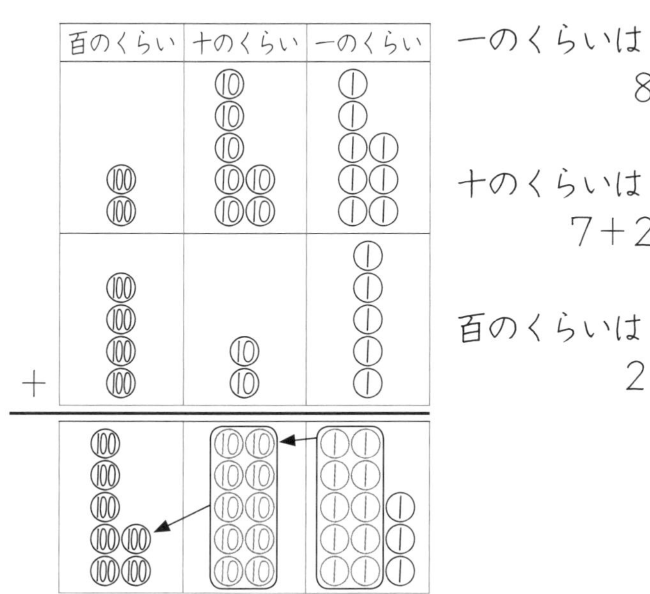

一のくらいは
8＋5＝13（くり上がる）

十のくらいは
7＋2＋1＝10（くり上がる）

百のくらいは
2＋4＋1＝7

	2	7	8
＋	4	2	5
	7	0	3

答え ______

2 次（つぎ）の計算をしましょう。

①			
	3	6	9
＋	2	3	5

②			
	2	5	8
＋	5	4	7

③			
	6	2	5
＋	1	7	8

④			
	4	9	5
＋	3	0	8

⑤			
	2	4	6
＋	3	5	4

⑥			
	5	2	8
＋	2	7	2

たし算とひき算 ⑤

学習日　月　日　名前

色をぬろう　わからない　だいたいできた　できた！

1 次(つぎ)の計算をしましょう。

① 243 + 516

② 321 + 458

③ 439 + 125

④ 306 + 218

⑤ 283 + 549

⑥ 348 + 259

2 次の計算をしましょう。

① 642 + 135

② 263 + 676

③ 398 + 498

④ 531 + 468

⑤ 564 + 359

⑥ 316 + 185

4 たし算とひき算 ⑥

学習日	名前
月　日	

色をぬろう　わからない　だいたいできた　できた！

1 山口さんは、575円持(も)っています。253円でおり紙を買いました。のこりは何円ですか。

式(しき) □ － □

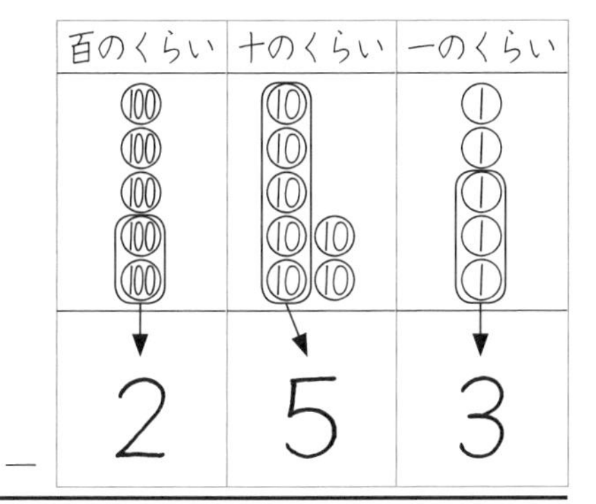

百のくらい
十のくらい
一のくらい
100
10
1
－
2
5
3
3
2
2

一のくらいは
$5-3=2$
十のくらいは
$7-5=2$
百のくらいは
$5-2=3$

	5	7	5
－	2	5	3
	3	2	2

答え

2 次(つぎ)の計算をしましょう。

① $567-423$

② $996-751$

③ $698-247$

④ $956-304$

⑤ $792-630$

⑥ $409-203$

4 たし算とひき算 ⑦

学習日　月　日　名前

1 谷口さんは、532円持っています。314円で色えんぴつを買いました。のこりは何円ですか。

式 □ − □

百のくらい	十のくらい	一のくらい
− 3	1	4
2	1	8

一のくらいの計算は、2から4はひけません。十のくらいから1くり下げて

12−4=8

十のくらいの3は2へ

2−1=1

百のくらいは

5−3=2

	5	3 (2)	2
−	3	1	4
	2	1	8

答え

2 次の計算をしましょう。

①
	7	8	3
−	5	4	8

②
	6	7	3
−	2	2	7

③
	9	1	7
−	4	4	6

④
	4	2	8
−	1	8	3

⑤
	6	0	8
−	2	6	5

⑥
	8	0	7
−	4	5	2

4 たし算とひき算 ⑧

学習日　月　日　名前

色をぬろう　わからない　だいたいできた　できた！

1 北口さんは、532円持(も)っています。258円で、スティックのりを買いました。のこりは何円ですか。

式(しき)

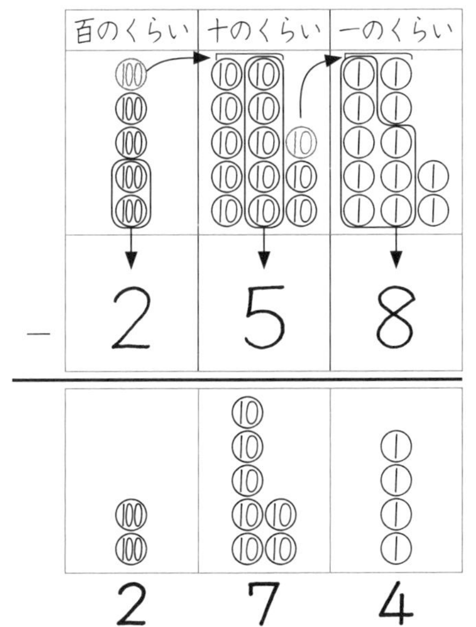

一のくらいの計算は、2から8はひけません。十のくらいから1くり下げて
12−8=4

十のくらいの3は2へ
2から5はひけません。
百のくらいから1くり下げて
12−5=7

百のくらいの5は4へ
4−2=2

	5 (4)	3 (2)	2
−	2	5	8
	2	7	4

答え

2 次(つぎ)の計算をしましょう。

① 921 − 469

② 852 − 578

③ 652 − 296

④ 433 − 167

⑤ 663 − 267

⑥ 890 − 395

4 たし算とひき算 ⑨

学習日　月　日　名前

1 野口さんは、602円持(も)っています。356円でコンパスを買いました。のこりは何円ですか。

式(しき)　□ － □

百のくらい	十のくらい	一のくらい
100 100 100 100 100 100	10 10 10 10 10 10 10 10 10 10	1 1 1 1 1 1 1 1 1 1 1 1
－ 3	5	6
100 100	10 10 10 10	1 1 1 1 1 1
2	4	6

一のくらいの計算は、2から6はひけません。百のくらいから、十のくらい、一のくらいへくり下げます。
一のくらいは
$12-6=6$

十のくらいの0は9へ
$9-5=4$

百のくらいの6は5へ
$5-3=2$

	5	9	
	~~6~~	~~0~~	2
－	3	5	6
	2	4	6

答え ＿＿＿＿＿＿

2 次(つぎ)の計算をしましょう。

①
	8	0	5
－	5	4	7

②
	6	0	4
－	2	3	5

③
	7	0	3
－	4	1	7

④
	5	0	2
－	1	2	8

⑤
	7	0	0
－	3	6	5

⑥
	6	0	0
－	2	7	2

4 たし算とひき算 ⑩

学習日　　月　　日　　名前

1 次の計算をしましょう。

① $\begin{array}{r} 384 \\ -\ 162 \\ \hline \end{array}$

② $\begin{array}{r} 629 \\ -\ 447 \\ \hline \end{array}$

③ $\begin{array}{r} 793 \\ -\ 216 \\ \hline \end{array}$

④ $\begin{array}{r} 968 \\ -\ 779 \\ \hline \end{array}$

⑤ $\begin{array}{r} 843 \\ -\ 267 \\ \hline \end{array}$

⑥ $\begin{array}{r} 501 \\ -\ 142 \\ \hline \end{array}$

2 次の計算をしましょう。

① $\begin{array}{r} 596 \\ -\ 420 \\ \hline \end{array}$

② $\begin{array}{r} 624 \\ -\ 367 \\ \hline \end{array}$

③ $\begin{array}{r} 718 \\ -\ 529 \\ \hline \end{array}$

④ $\begin{array}{r} 835 \\ -\ 578 \\ \hline \end{array}$

⑤ $\begin{array}{r} 402 \\ -\ 265 \\ \hline \end{array}$

⑥ $\begin{array}{r} 907 \\ -\ 578 \\ \hline \end{array}$

たし算とひき算 ⑪

学習日　月　日　名前

色をぬろう　わからない　だいたいできた　できた！

1 次(つぎ)の計算をしましょう。

① 6413 + 2572 = 8985

② 4238 + 4540 =

③ 4532 + 5159 =

④ 7267 + 1324 =

⑤ 4614 + 2582 =

⑥ 5732 + 1530 =

⑦ 4296 + 4638 =

⑧ 7682 + 1876 =

2 次の計算をしましょう。

① 8985 − 6413 = 2572

② 8778 − 4540 =

③ 9782 − 5154 =

④ 8658 − 7219 =

⑤ 5836 − 2374 =

⑥ 6943 − 4382 =

⑦ 9752 − 2067 =

⑧ 8516 − 4762 =

4 たし算とひき算 ⑫ まとめ

学習日　月　日　名前　点　ごうかく 80〜100点

1 次(つぎ)の計算をしましょう。　（1つ5点）

①
	5	2	8
+	1	3	7

②
	7	4	9
+	2	3	6

③
	6	8	2
+	2	6	3

④
	3	7	6
+	5	5	2

⑤
	5	7	4
−	2	4	7

⑥
	7	8	6
−	4	2	8

⑦
	9	3	5
−	5	7	3

⑧
	4	2	9
−	1	6	5

2 おかあさんは395円のサンドイッチと258円の牛にゅうを買いました。あわせて何円ですか。
（式10点、答え10点）

式(しき)

答え

3 たけしさんは415円のおべんとうと、98円のおちゃを買いました。あわせて何円ですか。
（式10点、答え10点）

式

答え

4 つよしさんは、820円持(も)っていました。パンとジュースを買って268円はらいました。のこりは何円ですか。
（式10点、答え10点）

式

答え

5 長い長さ ①

学習日　月　日　名前

1 下のまきじゃくを見て、問題(もんだい)に答えましょう。

① 1めもりの長さは、どれだけですか。

(　　　　)

② 下の↓のところの長さをかきましょう。

㋐(　　　)㋑(　　　)㋒(　　　)

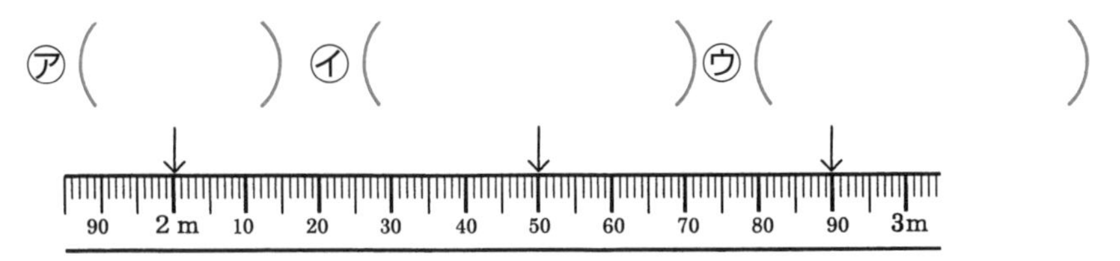

③ 下の↓のところの長さをかきましょう。

㋐(　　　)㋑(　　　)㋒(　　　)

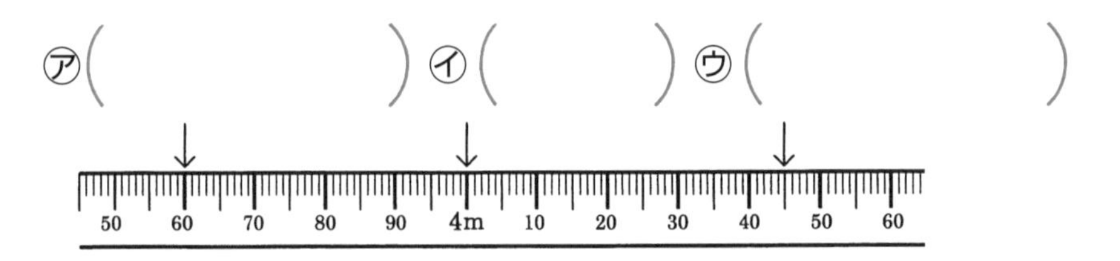

④ 次の長さのところにしるし（↓）をつけましょう。

㋐ 5m 20cm　　㋑ 6m 5cm

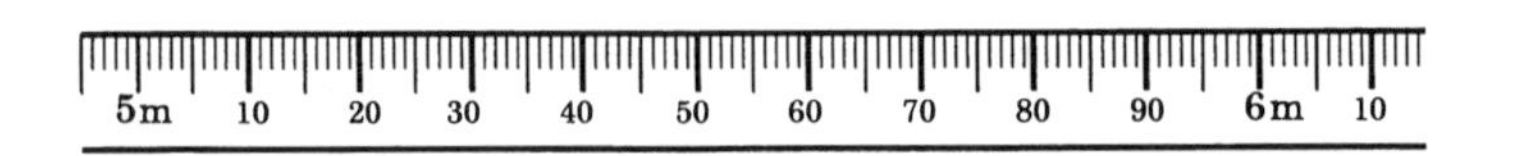

2 柱(はしら)を1まわりさせると、まきじゃくが図のようになりました。柱のまわりの長さはどれだけですか。

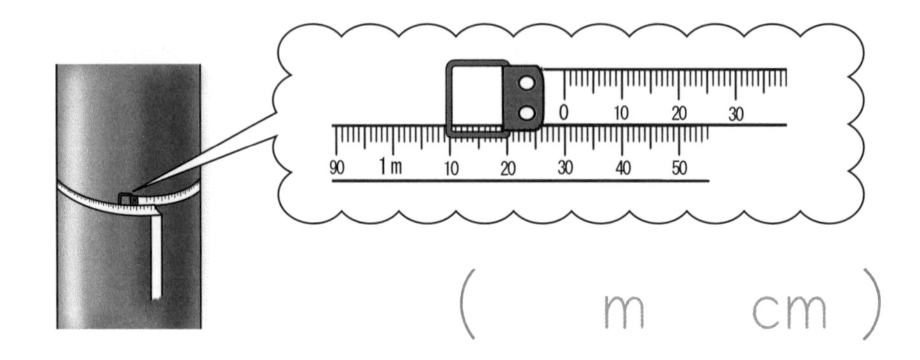

(　　m　　cm)

3 次の長さをはかるとき、まきじゃくを使(つか)うとべんりなのはどれですか。

㋐ えんぴつの長さ
㋑ バケツのまわりの長さ
㋒ 教科書のあつさ
㋓ ろう下の長さ
㋔ ノートのたての長さ

(　　　　)

5 長い長さ ②

学習日　月　日　名前

色をぬろう　わからない　だいたいできた　できた！

道にそってはかった長さを **道のり** といいます。
まっすぐはかった長さを **きょり** といいます。

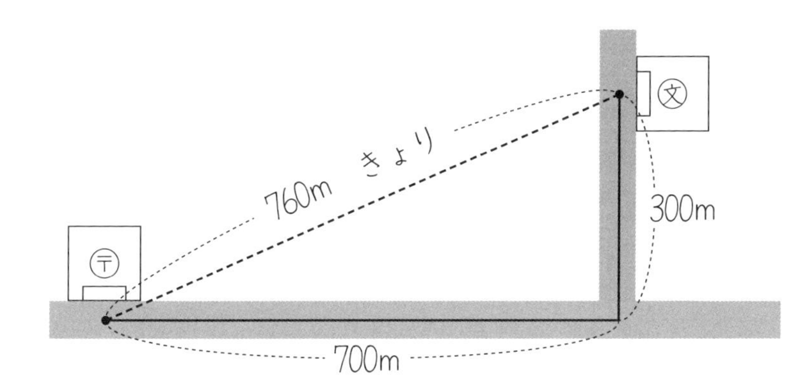

道のりやきょりを表すたんいに、**km（キロメートル）**があります。1 km＝1000m　です。

上の図で、ゆうびん局から学校までの道のりは700＋300＝1000（m）です。

1000m＝1 km　です。

また、ゆうびん局から学校までのきょりは760mです。

1　kmのかき方を練習しましょう。

km

2　次の□にあてはまる数をかきましょう。

① 1 km＝□ m

② 3 km＝□ m

③ 5000m＝□ km

④ 7000m＝□ km

3　次の計算をしましょう。

① 4 km＋2 km＝□ km

② 7 km＋3 km＝□ km

③ 8 km－2 km＝□ km

④ 10km－6 km＝□ km

⑤ 13km－7 km＝□ km

5 長い長さ ③

学習日　月　日　名前

色をぬろう　わからない　だいたいできた　できた！

1 原口さんの家から図書館へ行く道は、図のように4とおりあります。

（ア）～（エ）の道のりは何km何mですか。

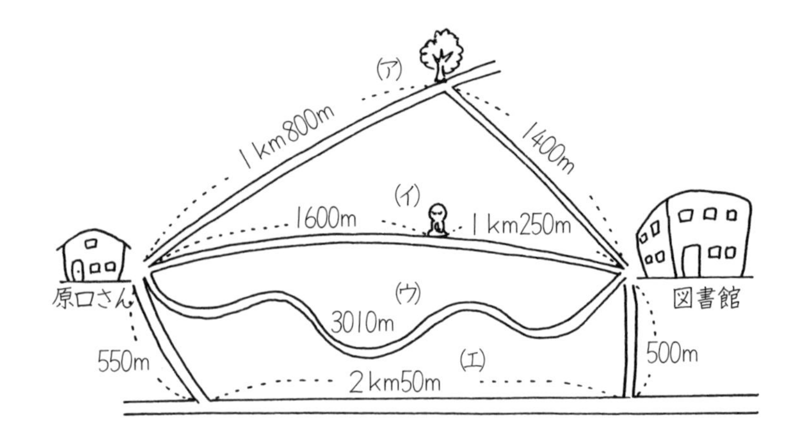

（ア）

答え

（イ）

答え

（ウ）

答え

（エ）

答え

2 山本さんは、図のような道を自転車で走りました。

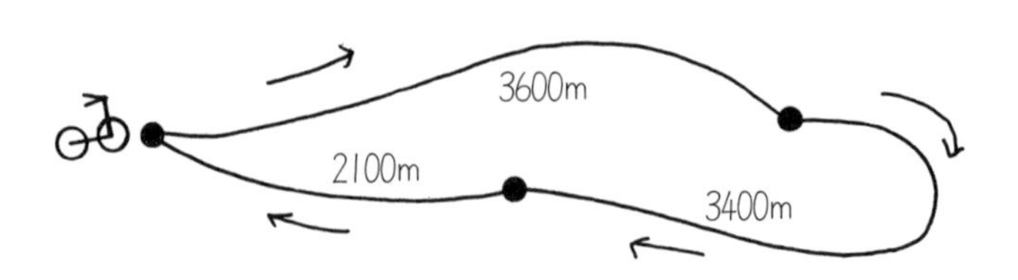

自転車で走った道のりは何mですか。また、それは何km何mですか。

答え

3 図は学校からもみじ山までの道を表しています。

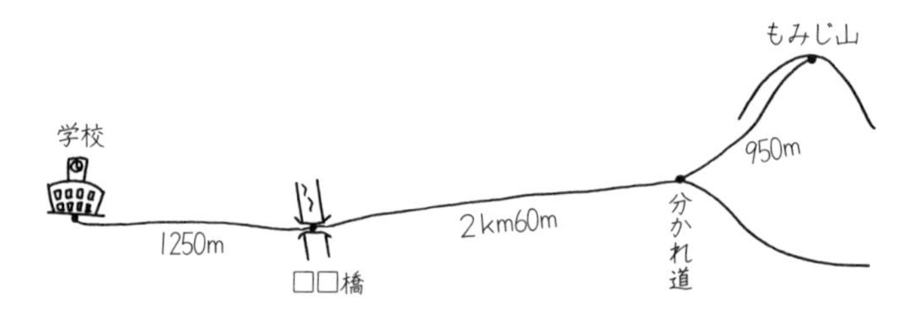

学校からもみじ山までの道のりは何mですか。
また、それは何km何mですか。

答え

5 長い長さ ④ まとめ

学習日　月　日　名前

点　ごうかく 80〜100点

1 次の□にあてはまることばや数をかきましょう。（1つ5点）

① 道にそってはかった長さを □ といいます。

② まっすぐにはかった長さを □ といいます。

③ 2km= □ m

④ 7000m= □ km

⑤ 3km+8km= □ km

⑥ 9km+5km= □ km

⑦ 7km−2km= □ km

⑧ 15km−6km= □ km

2 駅から市役所までは1km500mです。その先にある図書館までは2kmです。市役所から図書館までは何mですか。（20点）

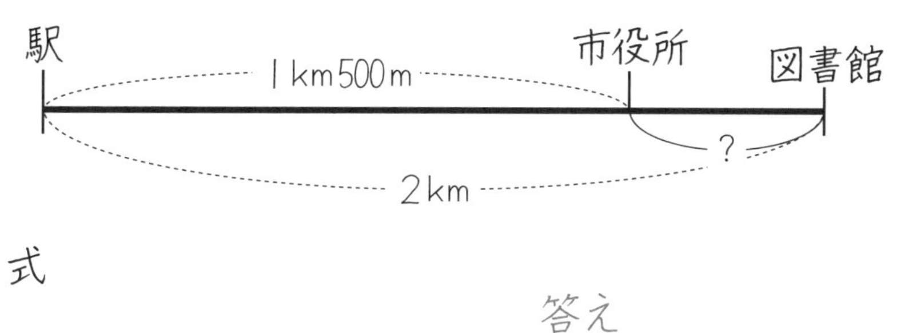

式

答え

3 北口さんは、家を出て薬局の前を通って学校へ行きます。学校の前を進むと本屋があります。

北口さんの家から学校までは1km500mです。薬局は学校の手前400mのところにあります。本屋は学校より200m先にあります。

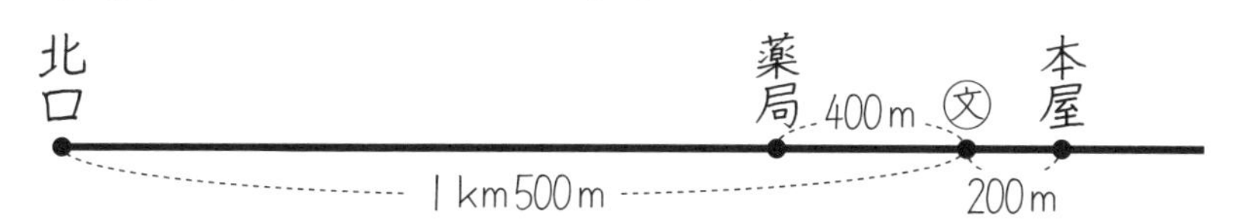

① 北口さんの家から薬局までは何mですか。（20点）

式

答え

② 北口さんの家から本屋までは何mですか。（20点）

式

答え

あまりのあるわり算 ①

学習日	名前
月　日	

1 いちごが13こあります。4人で同じ数ずつ分けると、1人分は何こで、何こあまりますか。

① 式(しき)をかきましょう。

13 ÷ 4

全部の数　分ける数

② 1さらに1こずつおいていきます。

1回目

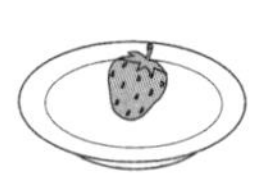

2回目

3回目

③ 1人に3こずつ分けると、のこりが1こなのでもう4人に同じ数ずつ分けることができません。

13 ÷ 4 = □ あまり □

答え

2 クッキーが14こあります。4まいのさらに同じ数ずつ分けます。1まいのさらに何こで、何こあまりますか。

① 式をかきましょう

□ ÷ □

全部の数　分ける数

② 4のだんを使(つか)って考えましょう。

分ける数		1さらの数		
4	×	1	=4	→ 10こあまる
4	×	2	=8	→ 6こあまる
4	×	3	=12	→ 2こあまる
4	×	4	=16	たりない

答え

あまりのあるわり算 ②

学習日　月　日　名前

色をぬろう　わからない　だいたいできた　できた！

1　みかんが14こあります。4こずつふくろに入れます。4こ入ったふくろは何ふくろできて、何こあまりますか。

① 式(しき)をかきましょう。

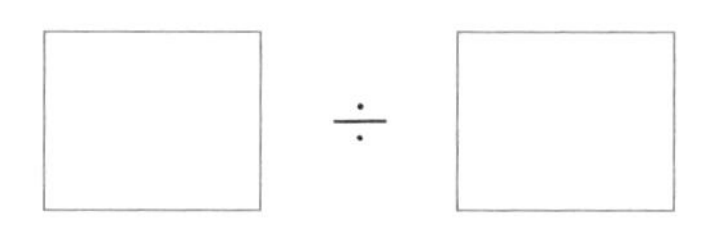

全部の数　1ふくろ分の数

② 4こずつかこみましょう

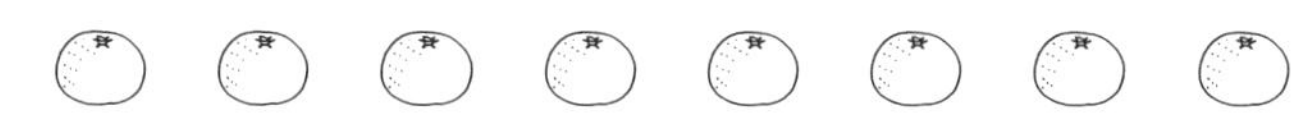

③ みかんは何ふくろできて何こあまりますか。

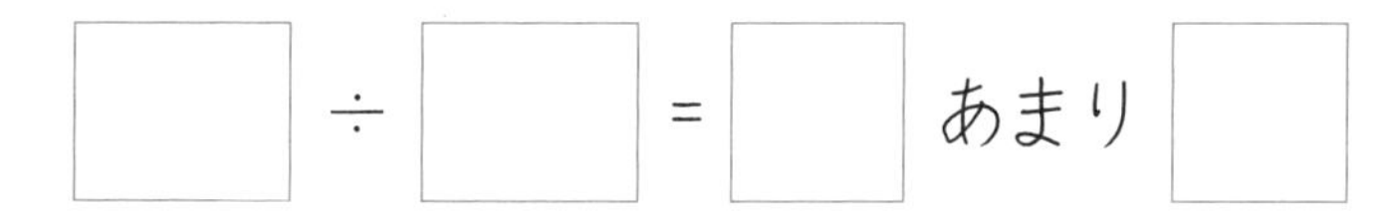

答え

14÷4 のように、あまりのあるときは「**わり切れない**」といいます。あまりがないときは「**わり切れる**」といいます。

2　いちごが16こあります。5こずつ分けると何人に配(くば)れて、何こあまりますか。

① 式をかきましょう。

□ ÷ □

全部の数　分ける数

② 5のだんを使(つか)って考えましょう。

分ける数		人数			
5	×	1	＝5	→	11こあまる
5	×	2	＝10	→	6こあまる
5	×	3	＝15	→	1こあまる
5	×	4	＝20		たりない

答え

わり算の答えを見つけるときは、かけ算を使います。

あまりのあるわり算 ③

学習日　月　日

名前

色をぬろう　わからない　だいたいできた　できた！

1 次(つぎ)の計算をしましょう。

① $56 \div 9 =$ □ あまり □

② $7 \div 2 =$ □ あまり □

③ $56 \div 6 =$ □ あまり □

④ $19 \div 3 =$ □ あまり □

⑤ $68 \div 9 =$ □ あまり □

⑥ $16 \div 3 =$ □ あまり □

⑦ $15 \div 6 =$ □ あまり □

⑧ $67 \div 9 =$ □ あまり □

⑨ $14 \div 5 =$ □ あまり □

2 次の計算をしましょう。

① $17 \div 5 =$ □ あまり □

② $9 \div 4 =$ □ あまり □

③ $67 \div 7 =$ □ あまり □

④ $14 \div 4 =$ □ あまり □

⑤ $76 \div 8 =$ □ あまり □

⑥ $64 \div 9 =$ □ あまり □

⑦ $77 \div 8 =$ □ あまり □

⑧ $37 \div 4 =$ □ あまり □

⑨ $49 \div 9 =$ □ あまり □

あまりのあるわり算 ④

学習日　月　日　名前

1 次(つぎ)の計算をしましょう。

① 41÷8＝□ あまり □

② 3÷2＝□ あまり □

③ 69÷9＝□ あまり □

④ 39÷6＝□ あまり □

⑤ 83÷9＝□ あまり □

⑥ 19÷2＝□ あまり □

⑦ 25÷3＝□ あまり □

⑧ 17÷4＝□ あまり □

⑨ 64÷7＝□ あまり □

2 次の計算をしましょう。

① 17÷2＝□ あまり □

② 66÷8＝□ あまり □

③ 25÷4＝□ あまり □

④ 36÷5＝□ あまり □

⑤ 28÷3＝□ あまり □

⑥ 19÷9＝□ あまり □

⑦ 32÷6＝□ あまり □

⑧ 21÷5＝□ あまり □

⑨ 23÷3＝□ あまり □

あまりのあるわり算 ⑤

学習日　月　日　名前

色をぬろう　わからない　だいたいできた　できた！

1 次(つぎ)の計算をしましょう。

① $14 \div 5 =$ □ あまり □

② $45 \div 7 =$ □ あまり □

③ $9 \div 5 =$ □ あまり □

④ $14 \div 6 =$ □ あまり □

⑤ $33 \div 4 =$ □ あまり □

⑥ $47 \div 5 =$ □ あまり □

⑦ $37 \div 6 =$ □ あまり □

⑧ $46 \div 8 =$ □ あまり □

⑨ $69 \div 9 =$ □ あまり □

2 次の計算をしましょう。

① $34 \div 8 =$ □ あまり □

② $32 \div 5 =$ □ あまり □

③ $74 \div 9 =$ □ あまり □

④ $27 \div 6 =$ □ あまり □

⑤ $65 \div 9 =$ □ あまり □

⑥ $27 \div 8 =$ □ あまり □

⑦ $38 \div 9 =$ □ あまり □

⑧ $46 \div 7 =$ □ あまり □

⑨ $33 \div 6 =$ □ あまり □

あまりのあるわり算 ⑥

学習日　月　日

名前

1 次の計算をしましょう。

① $40 \div 7 =$ □ あまり □

② $71 \div 8 =$ □ あまり □

③ $12 \div 7 =$ □ あまり □

④ $41 \div 9 =$ □ あまり □

⑤ $20 \div 8 =$ □ あまり □

⑥ $12 \div 9 =$ □ あまり □

⑦ $52 \div 7 =$ □ あまり □

⑧ $50 \div 9 =$ □ あまり □

⑨ $11 \div 6 =$ □ あまり □

ひき算をするときくり下がりがあります。

2 次の計算をしましょう。

① $22 \div 8 =$ □ あまり □

② $11 \div 4 =$ □ あまり □

③ $71 \div 9 =$ □ あまり □

④ $33 \div 7 =$ □ あまり □

⑤ $15 \div 9 =$ □ あまり □

⑥ $50 \div 7 =$ □ あまり □

⑦ $22 \div 9 =$ □ あまり □

⑧ $31 \div 7 =$ □ あまり □

⑨ $52 \div 8 =$ □ あまり □

あまりのあるわり算 ⑦

学習日　月　日

名前

1 次(つぎ)の計算をしましょう。

① 62÷9＝□ あまり □

② 12÷8＝□ あまり □

③ 50÷6＝□ あまり □

④ 26÷9＝□ あまり □

⑤ 30÷8＝□ あまり □

⑥ 31÷4＝□ あまり □

⑦ 16÷9＝□ あまり □

⑧ 23÷6＝□ あまり □

⑨ 60÷8＝□ あまり □

2 次の計算をしましょう。

① 15÷8＝□ あまり □

② 40÷9＝□ あまり □

③ 30÷4＝□ あまり □

④ 10÷7＝□ あまり □

⑤ 25÷9＝□ あまり □

⑥ 15÷9＝□ あまり □

⑦ 51÷8＝□ あまり □

⑧ 44÷9＝□ あまり □

⑨ 60÷7＝□ あまり □

あまりのあるわり算 ⑧

学習日 月 日

名前

1 次(つぎ)の計算をしましょう。

① $12 \div 8 =$ □ あまり □

② $41 \div 6 =$ □ あまり □

③ $31 \div 8 =$ □ あまり □

④ $51 \div 9 =$ □ あまり □

⑤ $53 \div 7 =$ □ あまり □

⑥ $34 \div 9 =$ □ あまり □

⑦ $20 \div 6 =$ □ あまり □

⑧ $52 \div 8 =$ □ あまり □

⑨ $33 \div 9 =$ □ あまり □

2 次の計算をしましょう。

① $30 \div 8 =$ □ あまり □

② $35 \div 9 =$ □ あまり □

③ $12 \div 7 =$ □ あまり □

④ $14 \div 8 =$ □ あまり □

⑤ $11 \div 9 =$ □ あまり □

⑥ $54 \div 7 =$ □ あまり □

⑦ $21 \div 8 =$ □ あまり □

⑧ $41 \div 7 =$ □ あまり □

⑨ $80 \div 9 =$ □ あまり □

6 あまりのあるわり算 ⑨

学習日　月　日　名前

色をぬろう　わからない　だいたいできた　できた！

1　17このあめを4人で同じ数ずつ分けると、1人分は何こで、何こあまりますか。

式（しき）

答え

2　34まいの色紙を4グループに同じ数ずつ分けると、1グループに何まいで、何まいあまりますか。

式

答え

3　35mのロープから、長さ6mのロープをできるだけ多くとると、何本とれて、何mあまりますか。

式

答え

4　30このクッキーを4人に同じ数ずつ分けると、1人分は何こで、何こあまりますか。

式

答え

5　カード55まいを8列（れつ）に同じ数ずつならべると、1列に何まいで、何まいあまりますか。

式

答え

6　えんぴつ41本を6本ずつ、ふくろに入れると、何ふくろできて、何本あまりますか。

式

答え

あまりのあるわり算 ⑩ まとめ

学習日　月　日

名前

1 次(つぎ)の計算をしましょう。（1つ5点）

① $33 \div 5 =$ □ あまり □

② $55 \div 6 =$ □ あまり □

③ $37 \div 7 =$ □ あまり □

④ $58 \div 8 =$ □ あまり □

⑤ $25 \div 9 =$ □ あまり □

⑥ $63 \div 8 =$ □ あまり □

⑦ $55 \div 7 =$ □ あまり □

⑧ $41 \div 6 =$ □ あまり □

2 花が25本あります。４本ずつたばにして花たばを作ります。４本の花たばはいくつできますか。

（式10点、答え10点）

式(しき) ＿＿＿＿＿＿＿＿

答え ＿＿＿＿＿＿＿＿

3 あめが40こあります。１ふくろに６こずつ入れると何ふくろできて何こあまりますか。

（式10点、答え10点）

式 ＿＿＿＿＿＿＿＿

答え ＿＿＿＿＿＿＿＿

4 84ページの本を１日に９ページずつ読みます。全部(ぜんぶ)読み終わるまでに何日かかりますか。

（式10点、答え10点）

式 ＿＿＿＿＿＿＿＿

答え ＿＿＿＿＿＿＿＿

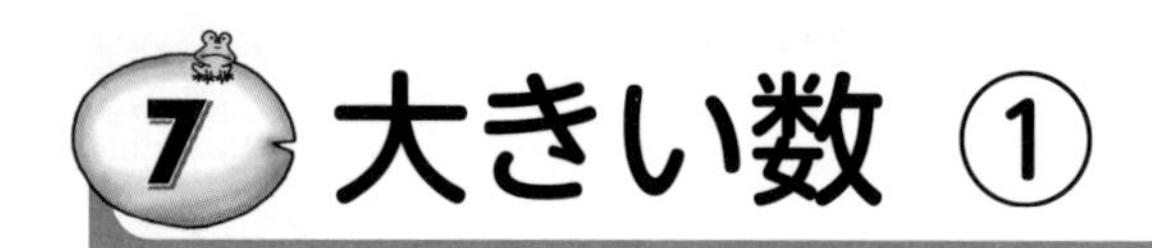

7 大きい数 ①

名前

1 次の数をくらい取り表にかきましょう。(2017年)

① 秋田県の小学生、43796人
② 東京都の小学生、601473人
③ 日本の小学生、6448657人

	千	百	十	一（万）	千	百	十	一
①				4	3	7	9	6
②								
③								

2 数字で、くらい取り表にかきましょう。(2017年)

① 青森県の中学生、三万三千九百二十一人
② 東京都の中学生、三十万四千百九十九人
③ 日本の中学生、三百三十三万三千三百十七人

	千	百	十	一（万）	千	百	十	一
①				3	3	9	2	1
②								
③								

3 日本の小学生、中学生、高校生をあわせると、千二百九十万五千五百五十人です。(2018年)

① くらい取り表に数字でかきましょう。

千	百	十	一（万）	千	百	十	一

② くらい取り表の数字の9は、何のくらいの数を9こ集めたものですか。

答え

4 次の数をくらい取り表にかきましょう。

① 千万を2こと、百万を6こと、十万を2こあわせた数をかきましょう。
② 百万を3こと、一万を7こと、千を4こあわせた数をかきましょう。

	千	百	十	一（万）	千	百	十	一
①								
②								

7 大きい数 ②

学習日　月　日　名前

色をぬろう　わからない　だいたいできた　できた！

1 次の数をかきましょう。

① 1000万を3こ、100万を7こ、10万を4こ、1万を9こあわせた数

千万	百万	十万	一万	千	百	十	一
3	7	4	9				

② 1000万を5こ、100万を4こ、1万を6こあわせた数

(　　　　)

③ 1000万を8こ、10万を2こ、1000を6こ、100を1こあわせた数

(　　　　)

2 次の(　　)に数を入れましょう。

① 520000は、1万を(　　　)こ集めた数

5	2	0	0	0	0
	1	0	0	0	0

② 520000は、1000を(　　　)こ集めた数

3 次の数を数字でかきましょう。

① 四千七百二十五万八千九百六十一

(　　　　)

② 七千五百万三千八百

(　　　　)

③ 三千万三

(　　　　)

④ 八千万

(　　　　)

4 大きいじゅんに番号をつけましょう。

① 87000　300000　280000　99000

② 470000　540000　68000　79000

7 大きい数 ③

学習日　月　日　名前

1 10000はどんな数ですか。□にあてはまる数をかきましょう。

① 9000より□大きい数

② 9900より□大きい数

③ 1000を□こ集(あつ)めた数

④ 100を□こ集めた数

⑤ 10を□こ集めた数

⑥ 1を□こ集めた数

2 □にあてはまる数をかきましょう。（万の字を使(つか)ってかきましょう。）

① 1万が10こで□

② 1万が1000こで□

③ 100万が10こで□

3 次(つぎ)のような数字のカードがあります。

0 1 2 3 4 5 6 7

① 8まいのカードから5まいを使って、一番大きい数を作りましょう。

□□□□□

② 8まいのカードから5まいを使って、一番小さい数を作りましょう。

□□□□□

③ 8まい全部を使って、一番大きい数を作りましょう。

□□□□□□□□

④ 8まい全部を使って、一番小さい数を作りましょう。

□□□□□□□□

7 大きい数 ④

学習日　　月　　日　名前

色をぬろう　わからない　だいたいできた　できた！

35を10倍すると350です。
0が1つ右にふえます。

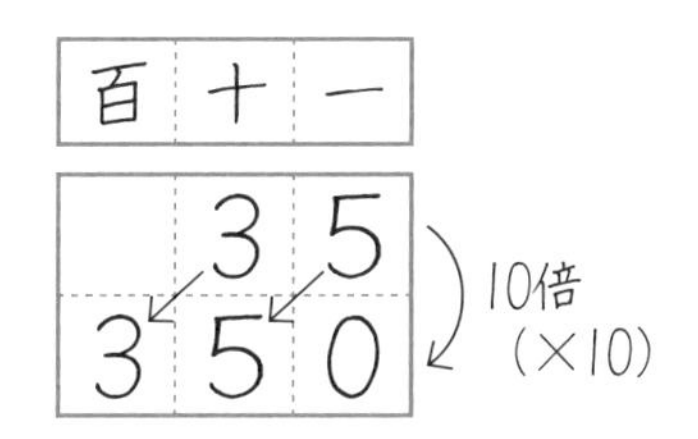

1 次の数を10倍しましょう。

① 26 ＿＿＿＿　② 50 ＿＿＿＿

③ 123 ＿＿＿＿　④ 220 ＿＿＿＿

35を100倍すると3500です。
0が2つ右にふえます。

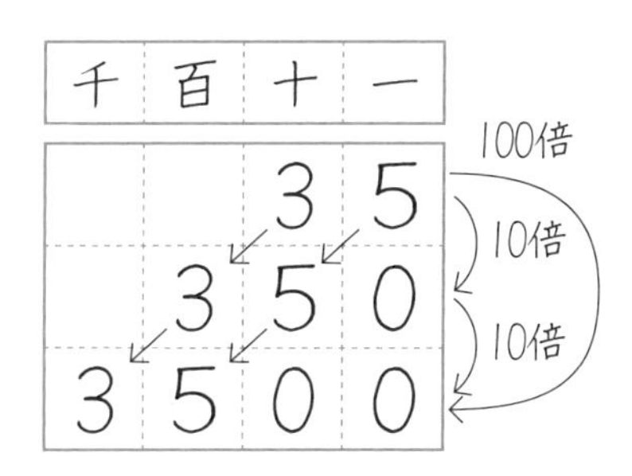

2 次の数を100倍しましょう。

① 62 ＿＿＿＿　② 30 ＿＿＿＿

③ 321 ＿＿＿＿　④ 400 ＿＿＿＿

3 次の数を1000倍しましょう。

① 4 ＿＿＿＿　② 7 ＿＿＿＿

③ 65 ＿＿＿＿　④ 47 ＿＿＿＿

350を10でわると、0を1
とって35になります。

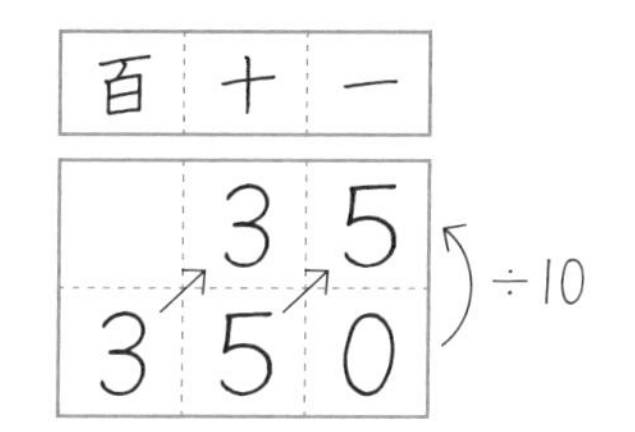

4 次の数を10でわった数にしましょう。

① 370 ＿＿＿＿　② 290 ＿＿＿＿

③ 600 ＿＿＿＿　④ 900 ＿＿＿＿

5 次の数を100でわった数にしましょう。

① 4300 ＿＿＿＿　② 7200 ＿＿＿＿

③ 4000 ＿＿＿＿　④ 1000 ＿＿＿＿

7 大きい数 ⑤

学習日　月　日　名前

1 次(つぎ)の数直線について答えましょう。

① 数直線の目もりの数をあ～か（　　）にかき入れましょう。

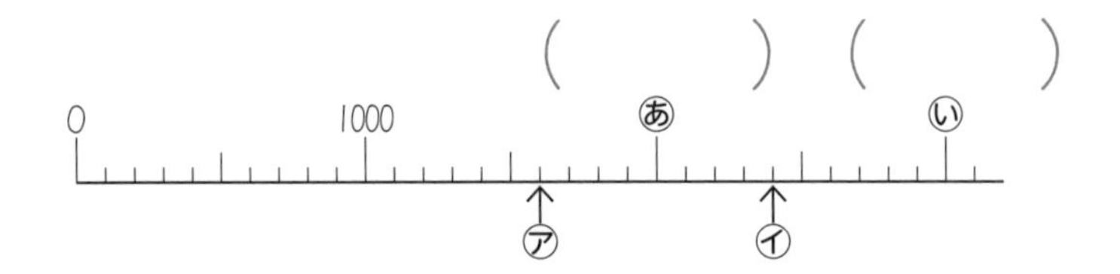

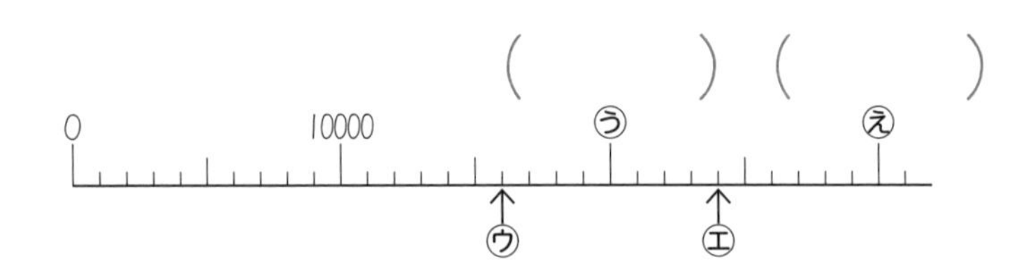

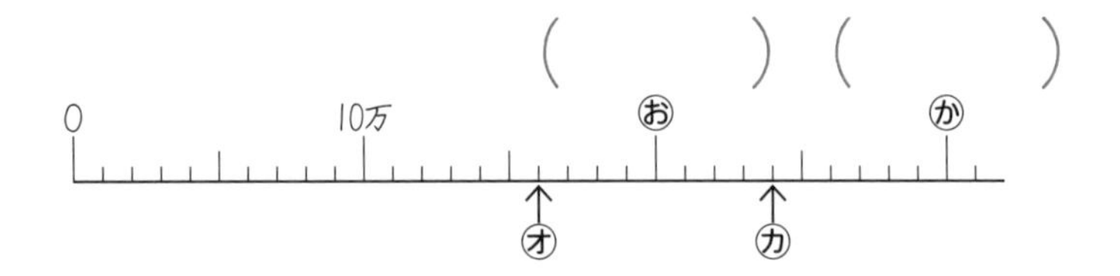

② ア～カの数をかきましょう。

ア	イ	ウ
エ	オ	カ

2 □にあてはまる数をかきましょう。

① 99998－99999－□－100001

② 390万－400万－□－420万－□

③ 99950－□－100050－100100

④ 49800－□－50000－50100

3 次の数を、数直線に↑でかき入れましょう。

ア 3000　イ 6000　ウ 13000
エ 19000　オ 28000

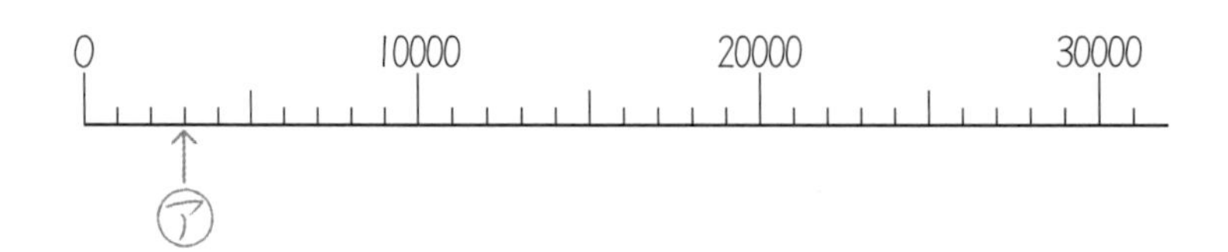

7 大きい数 ⑥

学習日　月　日　名前

色をぬろう　わからない　だいたいできた　できた！

1 次の□にあてはまる数をかきましょう。

① 1万が10こ集まると□万になります。

② 10万が10こ集まると□万になります。

③ 100万が10こ集まると□万になります。

④ 1000万が10こ集まると□億になります。

次のようにくらい取り表にブラジルの人口をかきました。

千億のくらい	百億のくらい	十億のくらい	一億のくらい	千万のくらい	百万のくらい	十万のくらい	一万のくらい	千のくらい	百のくらい	十のくらい	一のくらい
			2	1	2	8	7	3	0	0	0

人口は「二億千二百八十七万三千」人と読みます。4けたごとに区切ると読みやすいですね。

2 次の表は、日本の人口です。（2015年）

人口（人）	127094745
女子（人）	65253007

① 下のくらい取り表に、日本の人口をかき入れて、その読み方を漢字でかきましょう。

千	百	十	一	千	百	十	一	千	百	十	一
			億				万				

漢数字（　　　　　　　　　　）

② 下のくらい取り表に、日本の女子の人口をかき入れて、その読み方を漢字でかきましょう。

	千	百	十	一	千	百	十	一	千	百	十	一
女子				億				万				

漢数字（　　　　　　　　　　）

7 大きい数 ⑦

学習日　　月　　日　名前

1 次(つぎ)の□にあてはまる記号(きごう)(=、<、>)をかきましょう。

① 28 □ 41　　② 72 □ 59

③ 64 □ 64　　④ 301 □ 207

⑤ 500＋265 □ 800

⑥ 376＋224 □ 500

⑦ 700－450 □ 250

⑧ 957－450 □ 510

⑨ 7×8 □ 50

⑩ 72÷8 □ 9

2 次の□にあてはまる記号(=、<、>)をかきましょう。

① 250＋160 □ 160＋205

② 350－200 □ 450－300

③ 7×6 □ 8×5

④ 36÷6 □ 36÷9

3 □の中には１つの数字が入ります。大小の記号にあう数字をすべてかきましょう。

① 53 < □2　　答え

② 3600 < 3□00　　答え

③ 2400 > 2□00　　答え

7 大きい数 ⑧ まとめ

学習日　月　日　名前

点　ごうかく 80〜100点

1 次の数を数字でかきましょう。（1つ10点）

① 二十五万六千八百七十三

(　　　　　　)

② 100万を7こと10万を3こあわせた数

(　　　　　　)

③ 850を100倍した数

(　　　　　　)

2 下の数直線で①から③が表す数をかきましょう。

（1つ10点）

30000　40000　50000

↑①　↑②　↑③

① (　　　　)　② (　　　　)

③ (　　　　)

3 □にあてはまる記号(＝、＜、＞)をかきましょう。

（1つ5点）

① 350万 □ 400万

② 72000 □ 68000

③ 89000 □ 9800

④ 600万−200万 □ 400万

4 75000はどんな数ですか。□にあてはまる数をかきましょう。

（1つ5点）

① 80000より □ 小さい数

② 1000を □ こ集めた数

③ 7500を □ 倍した数

④ 50000と □ をあわせた数

かけ算の筆算（×１けた）①

学習日　　月　　日　　名前

えんぴつ１ダースは12本です。
えんぴつ４ダースは、何本になるかを考えます。
１ダース12本の４倍（ばい）ですから、12×４でもとめることができます。12を10と２に分けて

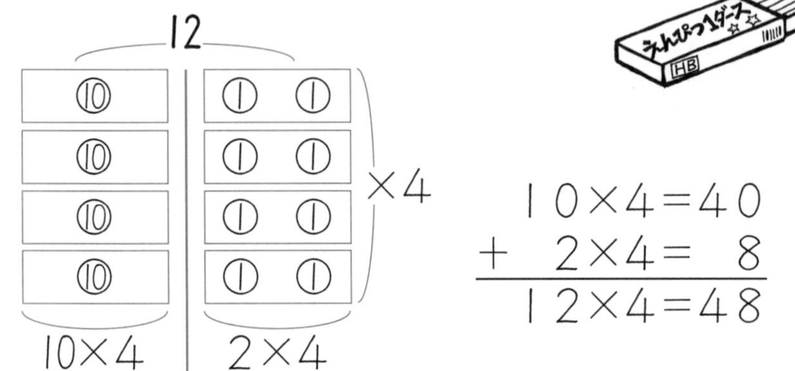

と考えることができます。
この計算を筆算（ひっさん）ですると、次（つぎ）のようになります。

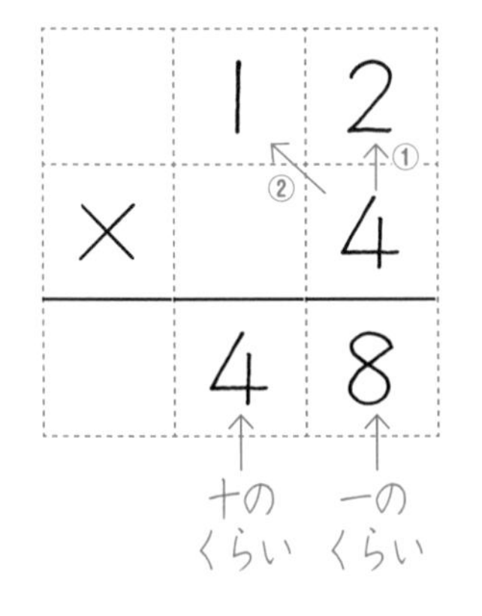

① ４×２＝８
一のくらいに８をかく。
② ４×１＝４（４×10＝40）
十のくらいに４をかく。

1 次の計算をしましょう。

① 12 × 3

② 22 × 4

③ 32 × 3

④ 42 × 2

⑤ 23 × 3

⑥ 21 × 4

8 かけ算の筆算（×１けた）②

学習日　月　日　名前

24×3　を計算してみましょう。

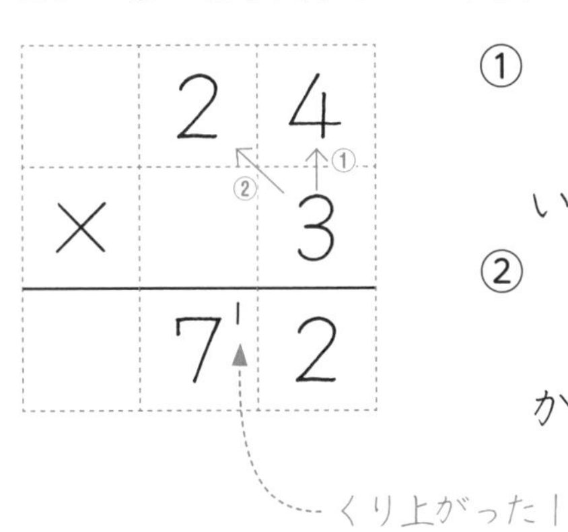

① 3×4＝12
　一のくらいは2、十のくらいに小さく1をかく。

② 3×2＝6
　くり上がった1と6で7をかく。

82×3　を計算してみましょう。

	8	2
×		3
2	4	6

① 3×2＝6
　一のくらいに6をかく。

② 3×8＝24
　百のくらいに2、十のくらいに4をかく。

1 次（つぎ）の計算をしましょう。

①

	2	7
×		3
	8	1

②

	4	8
×		2

③

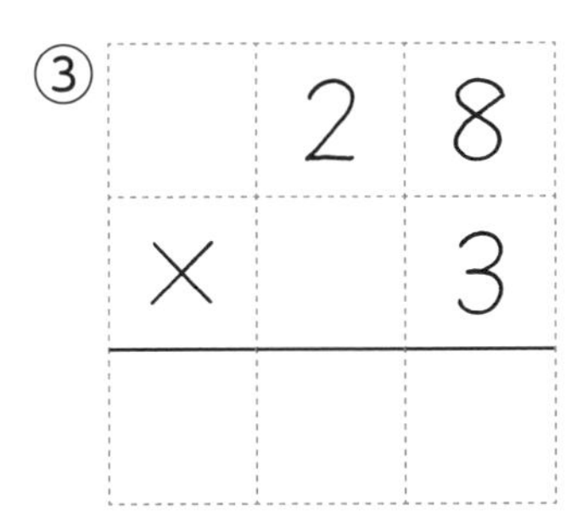

④

	3	6
×		2

2 次の計算をしましょう。

①

	6	1
×		4

②

	4	2
×		3

③

	7	2
×		3

④

	8	0
×		6

かけ算の筆算（×１けた）③

学習日	月　日	名前	

色をぬろう　わからない　だいたいできた　できた！

42×8 を計算してみましょう。

	4	2
×		8
3	3[1]	6

① 8×2＝16
一のくらいは6、十のくらいに小さく1をかく。

② 8×4＝32
くり上がった1と32で33
百のくらいに3、
十のくらいに3をかく。

1 次(つぎ)の計算をしましょう。

①

	3	4
×		8

②

	9	9
×		9

③

	7	3
×		4

④

	2	6
×		7

2 次の計算をしましょう。

①

	7	3
×		9

②

	8	2
×		6

③

	4	7
×		5

④

	8	6
×		3

⑤

	6	5
×		3

⑥

	4	3
×		4

かけ算の筆算（×1けた）④

学習日　月　日　名前

色をぬろう　わからない　だいたいできた　できた！

36×6 を計算してみましょう。

	3	6
×		6
2	1[3]	6

① 6×6＝36
一のくらいは6、十のくらいに小さく3をかく。

② 6×3＝18
くり上がった3と18で21
百のくらいに2、
十のくらいに1をかく。

1 次の計算をしましょう。

① 84×6

	8	4
×		6

② 45×7

	4	5
×		7

③ 39×8

	3	9
×		8

④ 79×7

	7	9
×		7

2 次の計算をしましょう。

① 87×6

	8	7
×		6

② 14×8

	1	4
×		8

③ 18×6

	1	8
×		6

④ 28×8

	2	8
×		8

⑤ 34×3

	3	4
×		3

⑥ 58×7

	5	8
×		7

かけ算の筆算（×１けた）⑤

学習日　　月　　日　　名前

1 次（つぎ）の計算をしましょう。

①
	9	1
×		7

②
	5	1
×		8

③
	7	0
×		4

④
	3	0
×		9

⑤
	3	4
×		4

⑥
	8	7
×		9

2 次の計算をしましょう。

①
	2	8
×		6

②
	3	8
×		7

③
	6	5
×		8

④
	7	5
×		4

⑤
	4	3
×		7

⑥
	6	3
×		8

8 かけ算の筆算（×１けた）⑥

学習日　　月　　日　　名前

色をぬろう　わからない　だいたいできた　できた！

312×2 を計算してみましょう。

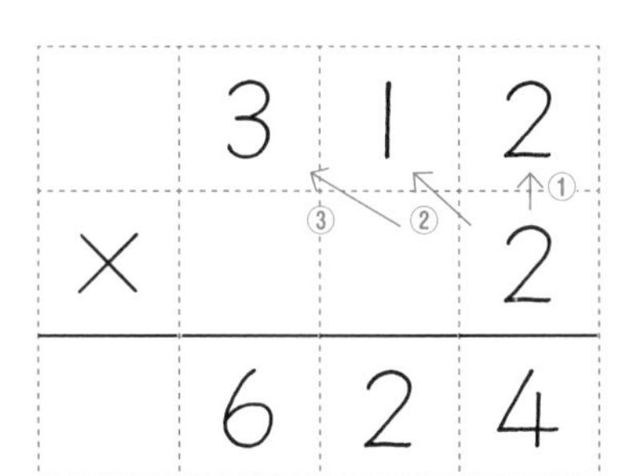

① 2×2＝4
② 2×1＝2
③ 2×3＝6

116×5 を計算してみましょう。

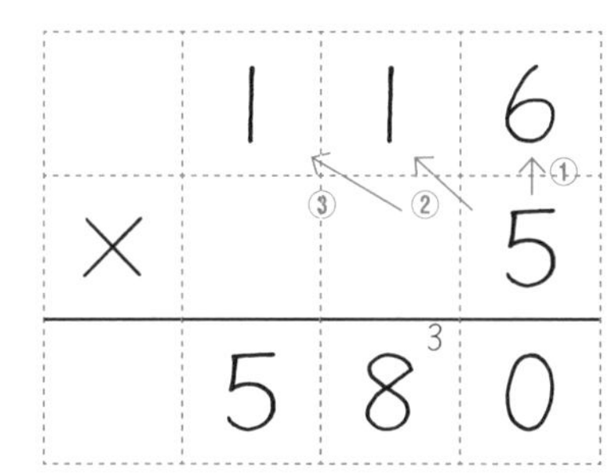

① 5×6＝30
十のくらいに小さく3
② 5×1＝5
3と5で8
③ 5×1＝5

1 次(つぎ)の計算をしましょう。

① 212×3

② 121×4

③ 230×3

④ 340×2

2 次の計算をしましょう。

① 326×3

② 227×3

③ 438×2

④ 224×4

かけ算の筆算（×１けた）⑦

学習日　月　日　名前

163×3 を計算してみましょう。

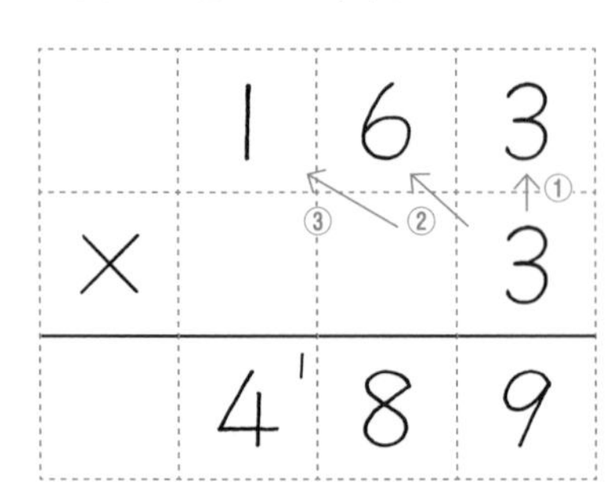

① 3×3＝9
② 3×6＝18
百のくらいに小さく1
③ 3×1＝3
1と3で4

412×3 を計算してみましょう。

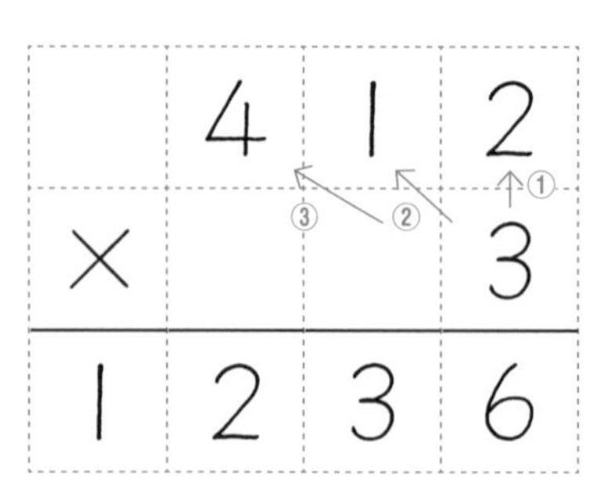

① 3×2＝6
② 3×1＝3
③ 3×4＝12
千のくらいに1
百のくらいに2

1 次(つぎ)の計算をしましょう。

① 231×4

	2	3	1
×			4

② 462×2

	4	6	2
×			2

③ 242×4

	2	4	2
×			4

④ 162×4

	1	6	2
×			4

2 次の計算をしましょう。

① 712×3

	7	1	2
×			3

② 822×4

	8	2	2
×			4

③ 510×5

	5	1	0
×			5

④ 610×4

	6	1	0
×			4

8 かけ算の筆算（×１けた）⑧

学習日　月　日　名前

色をぬろう　わからない　だいたいできた　できた！

872×2 を計算してみましょう。

	8	7	2
×			2
1	7[1]	4	4

① 2×2＝4
② 2×7＝14
百のくらいに小さく１
③ 2×8＝16
1＋16＝17

297×2 を計算してみましょう。

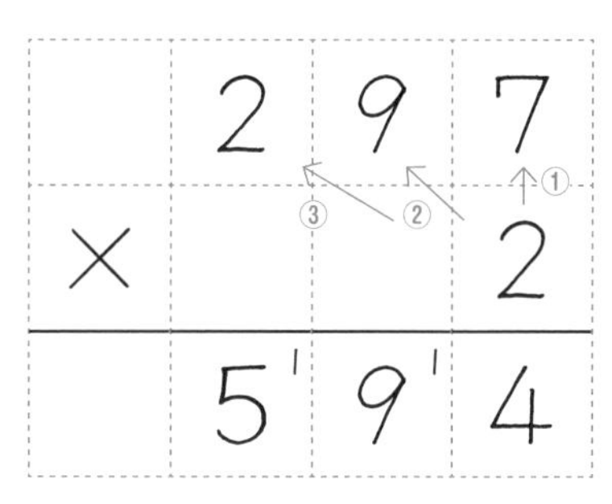

① 2×7＝14
十のくらいに小さく１
② 2×9＝18
百のくらいに小さく１
1＋8＝9
③ 2×2＝4
1＋4＝5

1 次（つぎ）の計算をしましょう。

①

	4	6	2
×			3

②

	7	5	3
×			2

③

	6	4	1
×			4

④

	5	6	3
×			3

2 次の計算をしましょう。

①

	2	4	6
×			3

②

	1	2	6
×			6

③

	1	3	5
×			5

④

	3	9	8
×			2

かけ算の筆算（×１けた）⑨

学習日　月　日　名前

758×6 を計算してみましょう。

	7	5	8
×			6
4	5[3]	4[4]	8

① 6×8＝48
② 6×5＝30
③ 6×7＝42

635×8 を計算してみましょう。

	6	3	5
×			8
5	0[2]	8[4]	0

① 8×5＝40
② 8×3＝24
③ 8×6＝48
くり上がった2と48で50をかく。

1 次(つぎ)の計算をしましょう。

①

	8	7	4
×			9

②

	9	4	6
×			6

③

	5	7	5
×			5

④

	4	6	8
×			5

2 次の計算をしましょう。

①

	4	3	5
×			7

②

	5	6	4
×			9

③

	3	4	5
×			6

④

	6	7	3
×			8

8 かけ算の筆算（×１けた）⑩

学習日　月　日　名前

色をぬろう　わからない　だいたいできた　できた！

1 次の計算をしましょう。

① 312×3

② 402×2

③ 326×3

④ 218×4

⑤ 163×3

⑥ 460×2

2 次の計算をしましょう。

① 126×6

② 389×2

③ 245×4

④ 874×9

⑤ 563×7

⑥ 468×5

かけ算の筆算（×１けた）⑪

学習日　　月　　日　　名前

1 次(つぎ)の計算をしましょう。

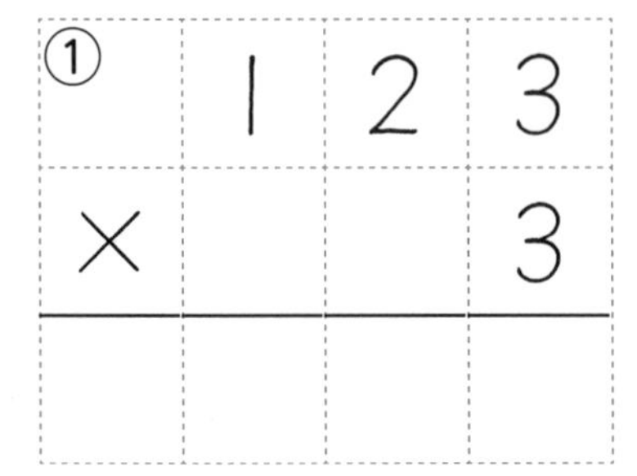

① 123×3

② 328×3

③ 460×2

④ 146×5

⑤ 468×4

⑥ 677×3

2 次の計算をしましょう。

① 170×4

② 217×4

③ 410×4

④ 461×4

⑤ 649×2

⑥ 746×7

8 かけ算の筆算（×1けた）⑫ まとめ

学習日　月　日　名前

点　ごうかく 80〜100 点

1 次の計算をしましょう。（1つ10点）

①

	9	3
×		3

②

	7	8
×		9

③

	3	0	2
×			3

④

	3	4	2
×			4

⑤

	7	6	9
×			8

⑥

	4	5	8
×			9

2 次の筆算で答えが正しいものには○、まちがっているものには×をつけましょう。（1つ5点）

①

		7	6
×			3
2	1	1	8

（　　）

②

		4	5
×			8
	3	6	0

（　　）

③

	2	0	8
×			6
	1	6	8

（　　）

④

	6	7	9
×			8
5	4	3	2

（　　）

3 1本189円の牛にゅうを3本買いました。代金はいくらですか。（式10点、答え10点）

式

×			

答え

9 円と球 ①

学習日　月　日　名前

色をぬろう　わからない　だいたいできた　できた！

1 次の□にあてはまることばをかきましょう。

① 円のまん中の点のことを□といいます。

② 円の中心から、円のまわりまでひいた直線を円の□といいます。

③ 円のまわりから、中心を通って、円のまわりまでひいた直線を円の□といいます。

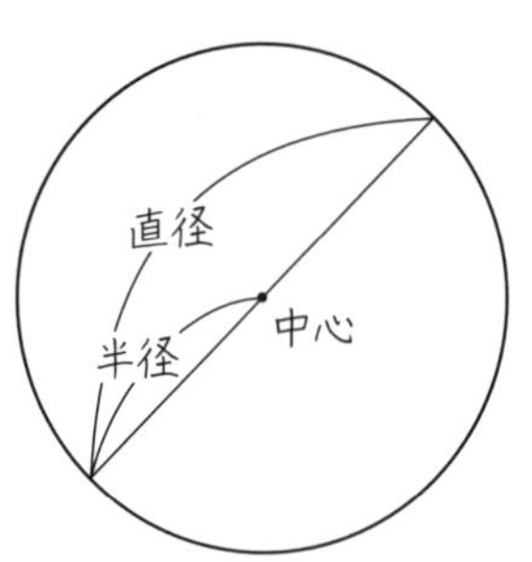

④ 円の直径の長さは、半径の□倍です。

2 円の形をさがし、番号で答えましょう。

① 

② 

③ 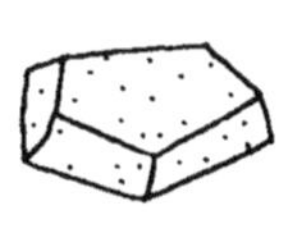

④ 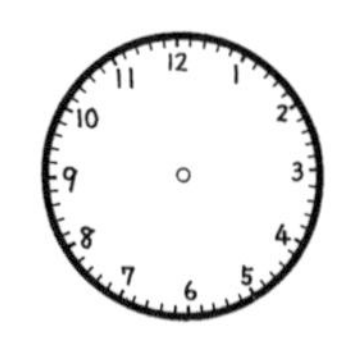

⑤ 

⑥ 

答え

3 コンパスを使って円をかくときの手じゅんです。□にあてはまることばをかきましょう。

① 円の大きさにあわせ□の長さを決め、コンパスを開きます。

② 円の□のいちを決め、コンパスのはりをさします。

③ はりがずれないようにまわして、円をかきます。

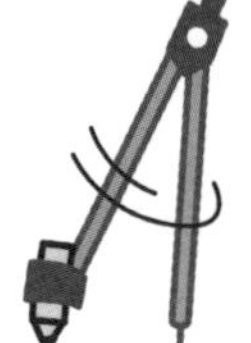

4 半径3cmの円をかきましょう。

中心

左ききの人↗　　↖右ききの人

9 円と球 ②

学習日　月　日
名前

1 次(つぎ)の円をかきましょう。

① 直径4cmの円

中心

② 直径6cmの円

中心

③ 中心がアで半径2cmの円と、中心がイで半径2cmの円

ア　イ

2 ぼく場があります。１本のくいから、ロープで牛がつながれています。

① ロープの長さが4mのとき、牛が食べることのできるぼく草のはんいを、コンパスでかきましょう。

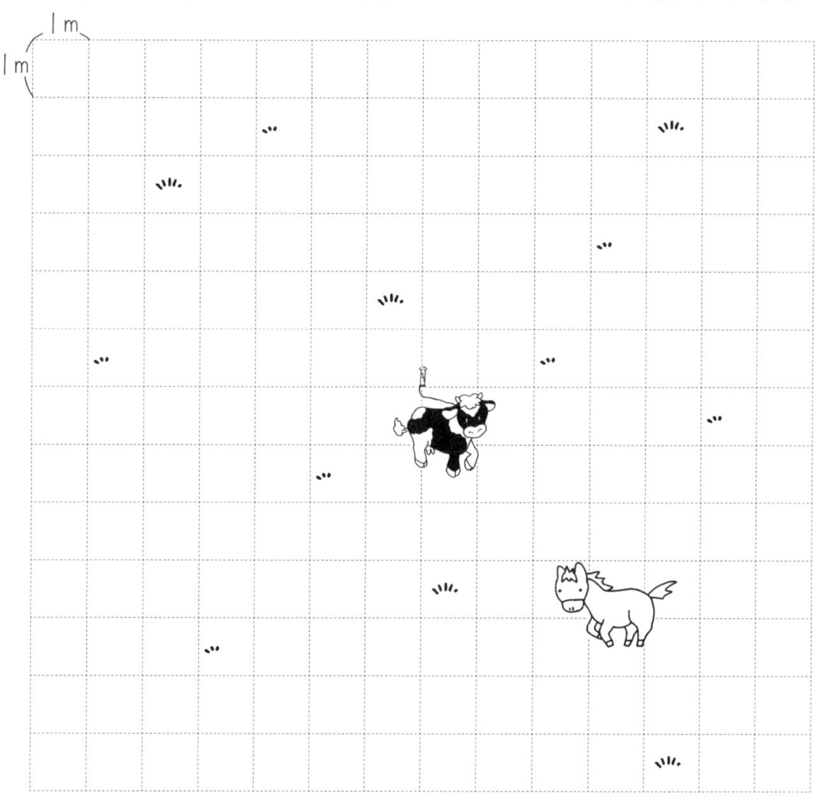

② ロープの長さが6mのとき、牛は、馬のいるところまで行くことができますか。

答え

円と球 ③

学習日　月　日　名前

1 半径2cmの円がならんでいます。

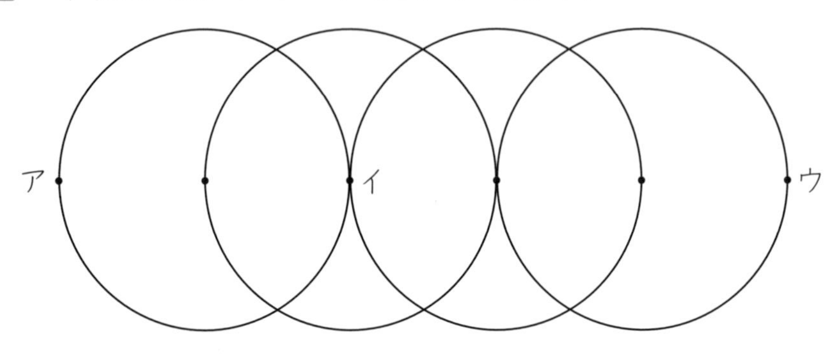

① 点アと点イの長さをもとめましょう。

答え

② 点アと点ウの長さをもとめましょう。

答え

2 同じ直径の円が、図のように7こならんでいます。

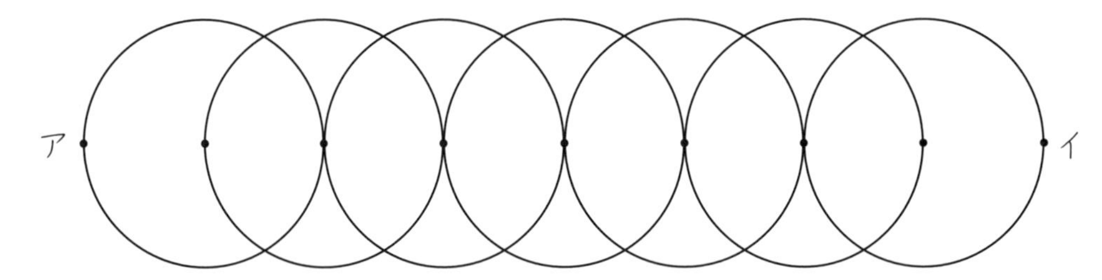

点アと点イの長さは12cmでした。1つの円の直径は何cmですか。

答え

3 大きい円の中に、半径2cmの小さい円が3つならんでいます。

大きい円の直径は、何cmですか。

答え

4 半径8cmの大きな円の中に、小さい円が4こならんでいます。

小さい円の半径は、何cmですか。

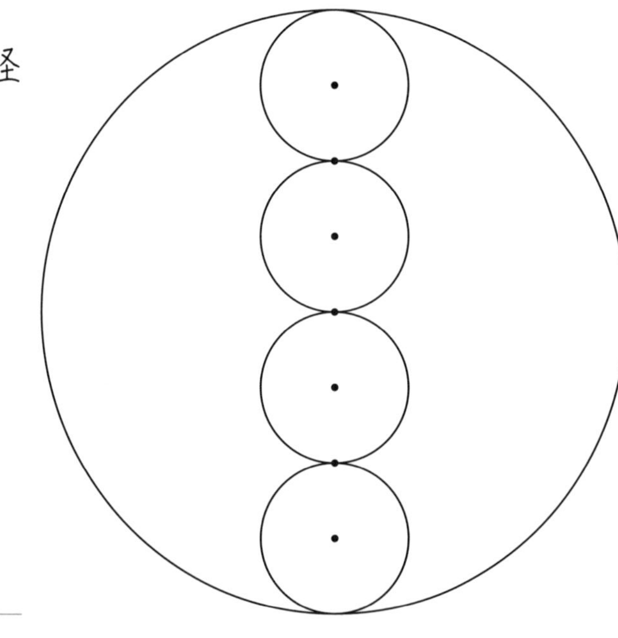

答え

9 円と球 ④

学習日　月　日　名前

色をぬろう　わからない　だいたいできた　できた！

1 次の□にあてはまることばをかきましょう。

① バレーのボールのように、どこから見ても円に見える形を□といいます。

② 球を半分に切ると、切り口は□になります。

③ 切り口の円の中心を、球の□、円の半径を球の□、円の直径を球の□といいます。

直径
半径
中心

2 球の形をさがし、番号で答えましょう。

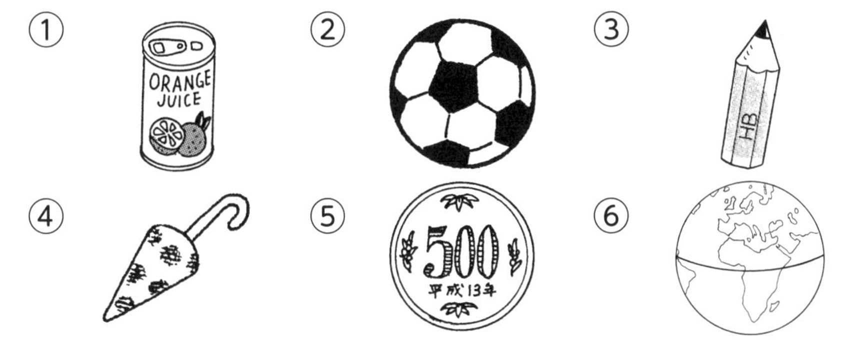

答え

3 半径4cmのボールが箱の中にきちんと入っています。

① 箱のたての長さは、何cmですか。

式

答え

横
たて

② 箱の横の長さは、何cmですか。

式

答え

4 同じ大きさのボールが箱の中にきちんと入っています。

① ボールの半径は、何cmですか。

式

答え

横
24cm

② 箱の横の長さは、何cmですか。

式

答え

10 小　数 ①

学習日　月　日　名前

色をぬろう　わからない　だいたいできた　できた！

水とうに入っていた水を1dLますに入れたら、2dLとあまりがありました。

あまりの水は、10等分(とうぶん)した目もりで、4つ分ありました。

これを**2.4dL**とかいて「**2点4デシリットル**」と読みます。

2と4の間にある「.」を **小数点(しょうすうてん)** といい、小数点のついた数を **小数** といいます。

また、2.4の4のくらいを **小数第1位(だいいちい)** といいます。

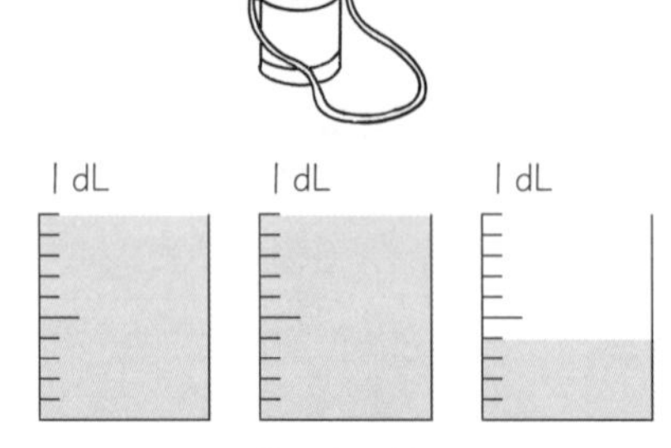

1dL　1dL　1dL

2.4dL

1 次の水のかさは、何dLですか。

① 1dL

答え

② 1dL

答え

2 次の水のかさは何dLですか。

① 1dL

答え

② 1dL

答え

③ 1dL

答え

3 次のかさの分まで色をぬりましょう。

① 1.4dL

1dL

② 0.5dL

1dL

10 小　数 ②

学習日　月　日　名前

色をぬろう　わからない　だいたいできた　できた！

1（　）の中のたんいにあわせ、小数にしてかきましょう。

① 3L4dL　（　　L）

② 2L5dL　（　　L）

③ 6dL　（　　L）

④ 1dL　（　　L）

⑤ 5cm6mm　（　　cm）

⑥ 3cm7mm　（　　cm）

⑦ 4mm　（　　cm）

⑧ 4kg200g　（　　kg）

⑨ 1kg300g　（　　kg）

⑩ 900g　（　　kg）

2 次(つぎ)の□にあてはまる数をかきましょう。

① 0.3は、0.1が□こ集(あつ)まった数です。

② 4.2は、1が□こと、0.1が□こをあわせた数です。

③ 2.7は、1が□こと、0.1が□こをあわせた数です。

④ 31.4は、10が□こと、1が□ことと0.1が□をあわせた数です。

⑤ 3.5は、0.1が□こ集まった数です。

⑥ 4.8は、0.1が□こ集まった数です。

⑦ 2は、0.1が□こ集まった数です。

⑧ 14.2は、0.1が□こ集まった数です。

10 小　数 ③

学習日　月　日　名前

色をぬろう　わからない　だいたいできた　できた！

1 1目もりが0.1の数直線があります。次の目もりを読みましょう。

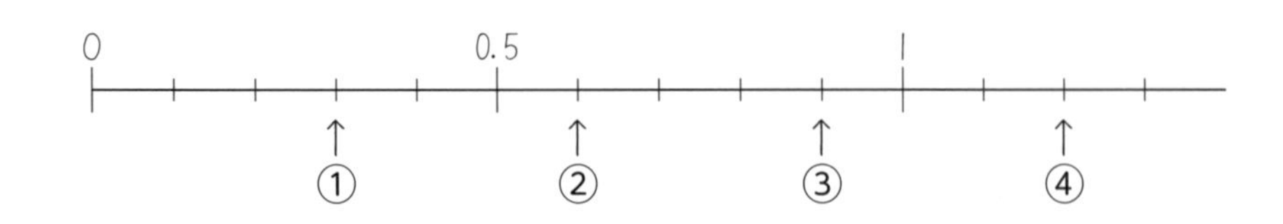

① ______　② ______　③ ______　④ ______

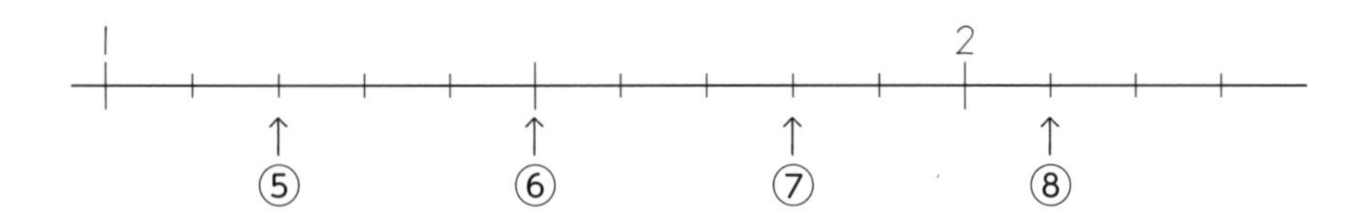

⑤ ______　⑥ ______　⑦ ______　⑧ ______

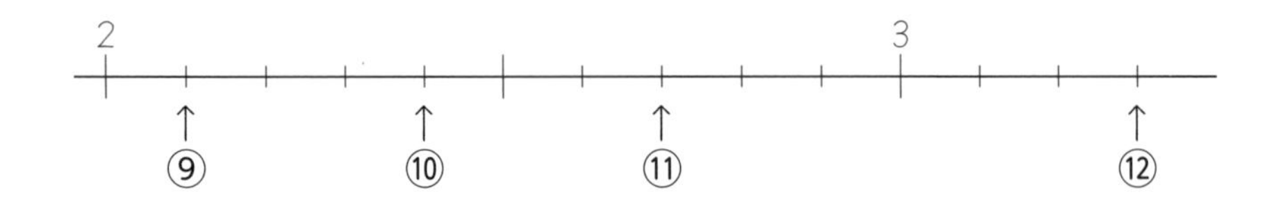

⑨ ______　⑩ ______　⑪ ______　⑫ ______

2 大きい方の数に○をつけましょう

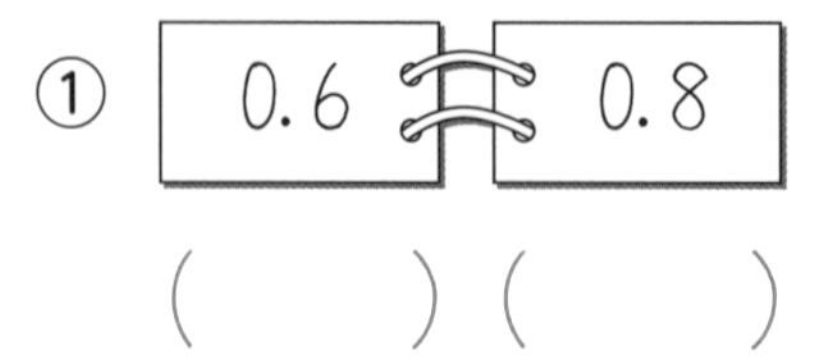

（　　）（　　）

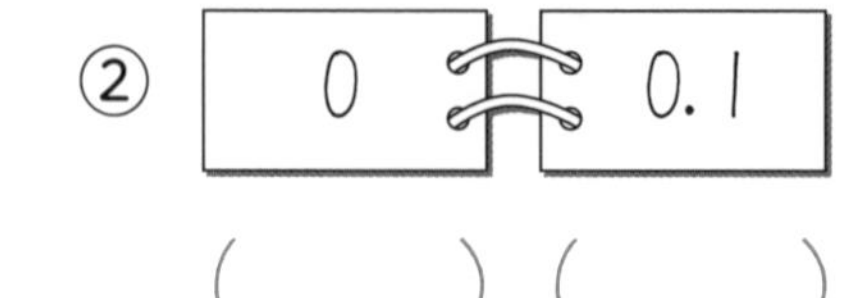

（　　）（　　）

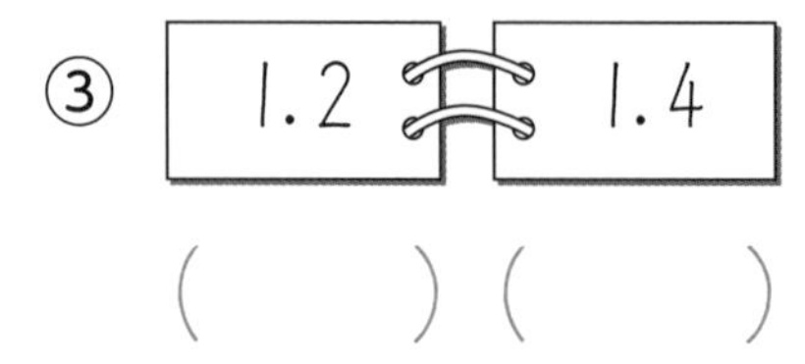

（　　）（　　）

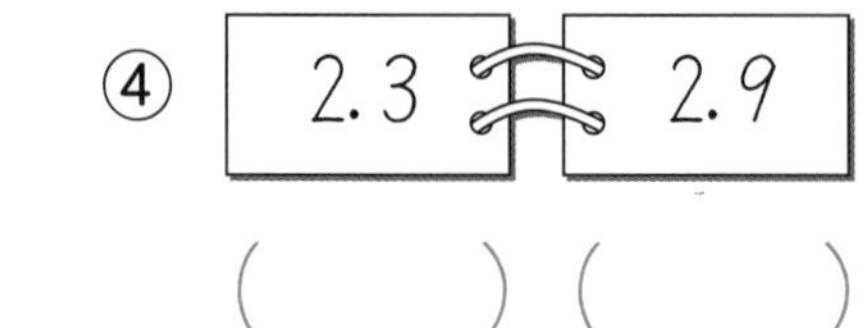

（　　）（　　）

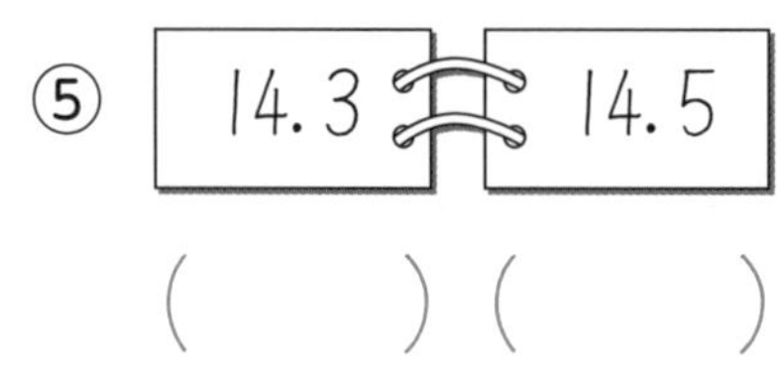

（　　）（　　）

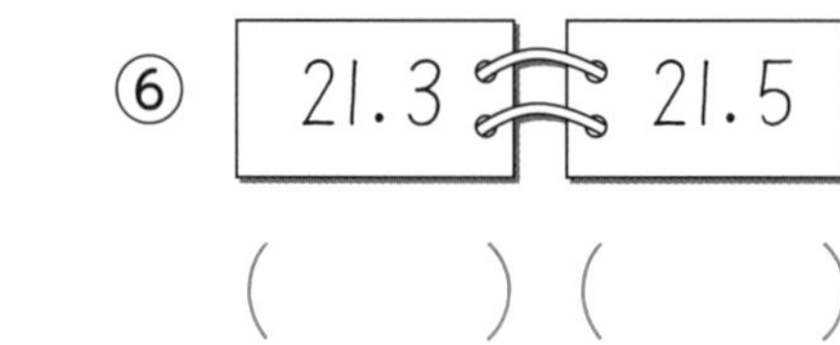

（　　）（　　）

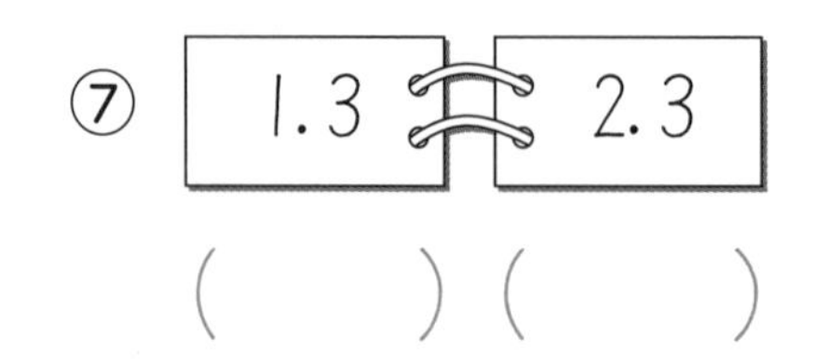

（　　）（　　）

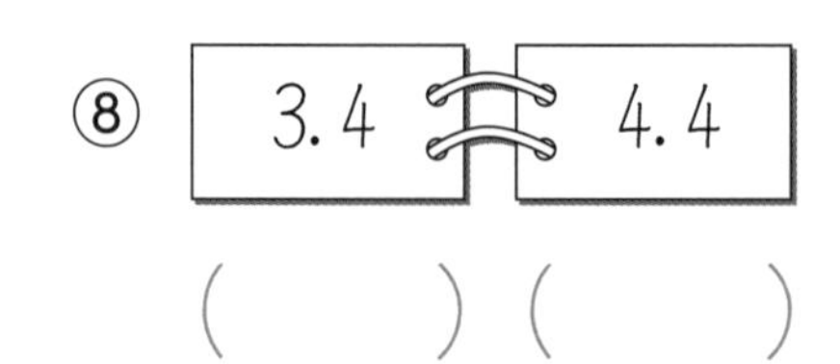

（　　）（　　）

10 小　数 ④

学習日　月　日　名前

色をぬろう　わからない　だいたいできた　できた！

1 次(つぎ)の計算をしましょう。

①

	1	.3
+	2	.2
	3	.5

②

	0	.3
+	0	.2

③

	0	.5
+	0	.7

④

	6	.7
+	2	.8

⑤

	5	.9
+	9	

⑥

	4	.3
+	5	.7
1	0	.0

2 ジュースが1.2Lあります。新しいジュースを2L買ってきました。あわせて何Lありますか。

式(しき)

答え

3 長さ4.5cmのリボンに、2.6cmのリボンをつなぎました。あわせて何cmになりますか。

式

答え

4 3.6mのテープに、4.7mテープをつなぎました。あわせて何mになりますか。

3.6m　4.7m

式

答え

10 小　数 ⑤

学習日　月　日　名前

色をぬろう　わからない　だいたいできた　できた！

1 次(つぎ)の計算をしましょう。

①

	4	.6
−	2	.3
	2	.3

②

	0	.9
−	0	.3

③

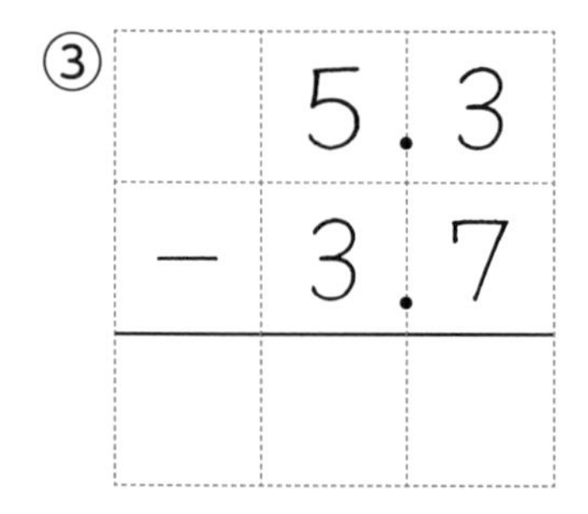

④

	9	.4
−	5	.6

⑤

	4	.6
−	0	.6
	4	.0

⑥

	7	.3
−	5	

2 8L入るバケツに、水が2.5L入っています。水はあと何L入りますか。

式(しき)

答え

3 長さ5mのロープから、3.2mを切って使(つか)いました。のこりは何mですか。

式

答え

4 ジュースが1.2Lあります。0.3Lを飲(の)みました。のこりは何Lありますか。

式

答え

10 小　数 ⑥ まとめ

学習日　月　日　名前　　点　ごうかく 80～100点

1 次(つぎ)の水のかさは何Lですか。（5点）

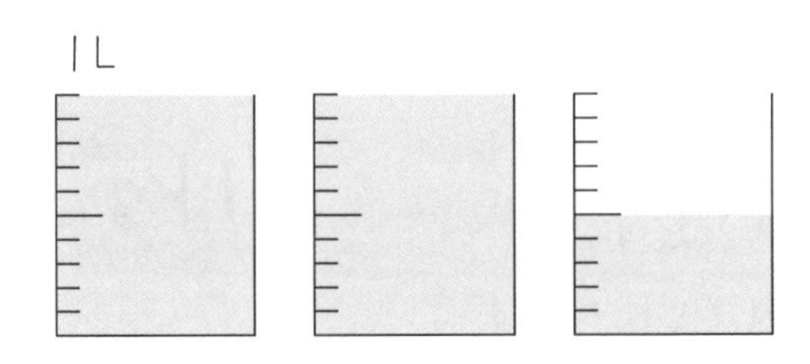

答え

2 下の数直線で①～④が表す小数をかきましょう。（1つ5点）

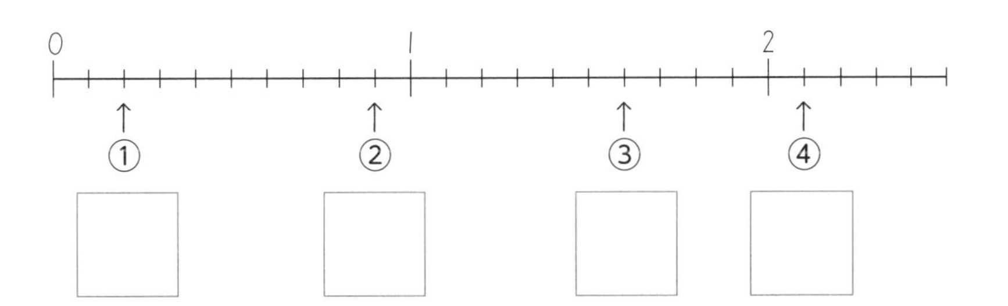

3 次の数はいくつですか。（1つ5点）

① 4と0.7をあわせた数　（　　　）

② 1を5こと0.1を6こあわせた数　（　　　）

③ 6より0.3小さい数　（　　　）

④ 0.1を56こ集めた数　（　　　）

⑤ 0.1を70こ集めた数　（　　　）

4 次の計算をしましょう。（1つ5点）

① 0.8+0.5=　　② 2+0.8=

③ 1.7−0.2=　　④ 1−0.4=

⑤

	4.	3
＋	2.	7

⑥

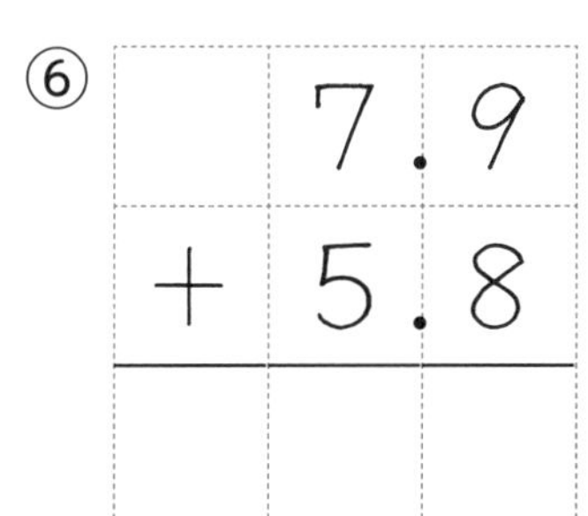

⑦

	6.	3
−	2.	7

⑧

	9	
−	3.	4

5 ジュースが2.3Lありました。0.4L飲(の)むとのこりは何Lですか。（10点）

式(しき)

答え

11 重　さ ①

学習日　　月　　日　名前

重(おも)さのたんいに **グラム**（g）があります。
1グラムを1gとかきます。

1円玉1この重さ

1g
グラム

重さのたんいに **キログラム**（kg）があります。
1000gが1キログラムです。
人の体重(たいじゅう)はkgでいいます。
（赤ちゃんの体重はgでいいます。）

1000g＝1kg

1kg
キログラム

1 gのかき方を練習(れんしゅう)しましょう。

g g g g g g g g g

2 次(つぎ)の計算をしましょう。

① 8g＋3g＝□g

② 40g＋20g＝□g

③ 8g－4g＝□g

④ 600g－400g＝□g

3 kgのかき方を練習しましょう。

kg k k k kg kg kg kg

4 次の計算をしましょう。

① 4kg＋3kg＝□kg

② 80kg＋40kg＝□kg

③ 12kg－5kg＝□kg

④ 800kg－600kg＝□kg

11 重　さ ②

学習日　月　日　名前

色をぬろう　わからない　だいたいできた　できた！

1 次のはかりのア〜オの重さは何gですか。

①

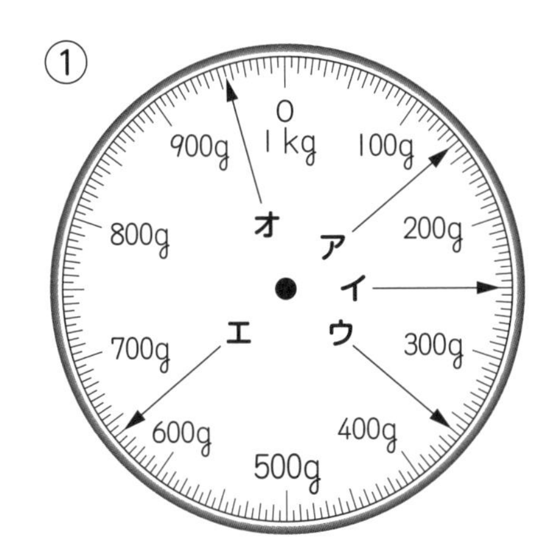

ア ＿＿＿＿
イ ＿＿＿＿
ウ ＿＿＿＿
エ ＿＿＿＿
オ ＿＿＿＿

②

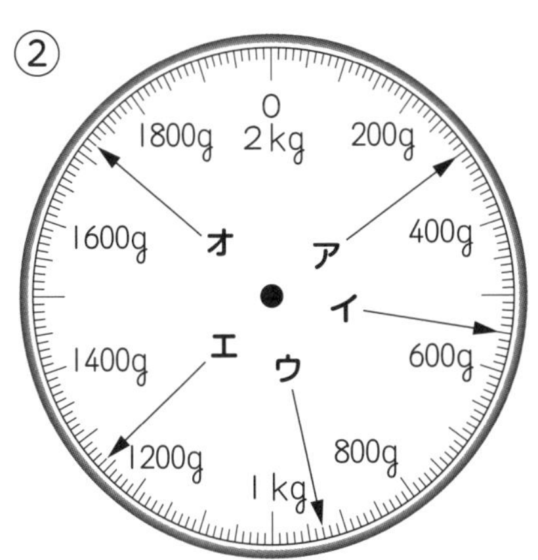

ア ＿＿＿＿
イ ＿＿＿＿
ウ ＿＿＿＿
エ ＿＿＿＿
オ ＿＿＿＿

2 （　　）にあてはまるたんい（g、kg）をかきましょう。

① けしごむ　15（　　）　② ねこ　2（　　）

③ ノート　110（　　）　④ すもうとり　180（　　）

3 □にあてはまる数をかきましょう。

① 2kg＝□g

② 6000g＝□kg

③ 7530g＝□kg□g

4 体重45kgの谷口さんが、体重37kgの川島さんをせおってはかりにのると、はりは何kgをさしますか。

式 ＿＿＿＿

答え ＿＿＿＿

5 かごにみかんを入れて、重さをはかりました。

1kg250gでした。みかんだけをはかると900gでした。かごの重さは何gですか。

式 ＿＿＿＿

答え ＿＿＿＿

11 重　さ ③

学習日　月　日　名前

1000kgを1t（トン）といい、大きな重さを表すときに使います。

1 □にあてはまる数をかきましょう。

① 3000kg=□t

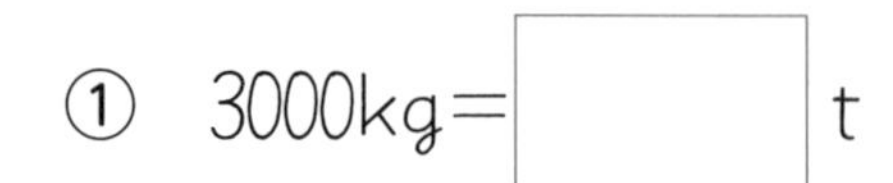

② 7000kg=□t

③ 4t=□kg

④ 9t=□kg

⑤ 10000kg=□t

⑥ 16000kg=□t

⑦ 12t=□kg

⑧ 34t=□kg

2 重たいものを集めました。

小型乗用車
やく1t

かば
やく4t

インドぞう
やく5t

アフリカぞう
やく12t

ほおじろざめ
やく2t

しゃち
やく10t

① かばとインドぞうの重さをくらべて、□に記号（<、>）をかきましょう。

かばの重さ □ インドぞうの重さ

② アフリカぞうとしゃちの重さをくらべて、□に記号（<、>）をかきましょう。

アフリカぞうの重さ □ しゃちの重さ

③ かばは、ほおじろざめの何倍の重さですか。

答え

④ インドぞうは、小型乗用車の何倍の重さですか。

答え

11 重　さ ④ まとめ

学習日　月　日　名前

1 □に数をかきましょう。（1つ10点）

① 2kg 230g ＝ □ g

② 4600g ＝ □ kg □ g

③ 5t ＝ □ kg

2 次の重さを表すところに、はかりに → のはりをかきましょう。（1つ10点）

① 450g

900g　0　1kg　100g
800g　200g
700g　300g
600g　500g　400g

② 3kg600g

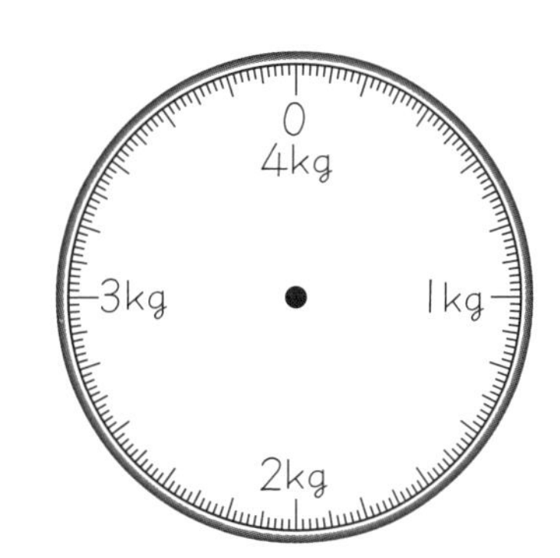

3 重さのたんいをかきましょう。（1つ10点）

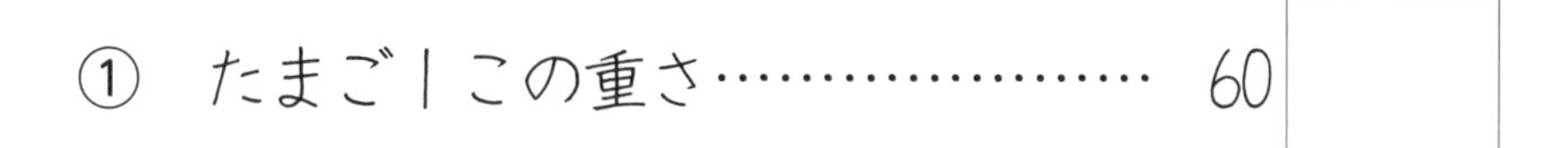

① たまご1この重さ……………………　60 □

② 妹の体重……………………………　23 □

③ トラックの重さ……………………　7 □

4 荷物が入ったかばんの重さをはかりました。1kg700g ありました。かばんだけの重さをはかると800gでした。荷物の重さは何gですか。（20点）

式

答え

12 分　数 ①

学習日　月　日　名前

色をぬろう　わからない　だいたいできた　できた！

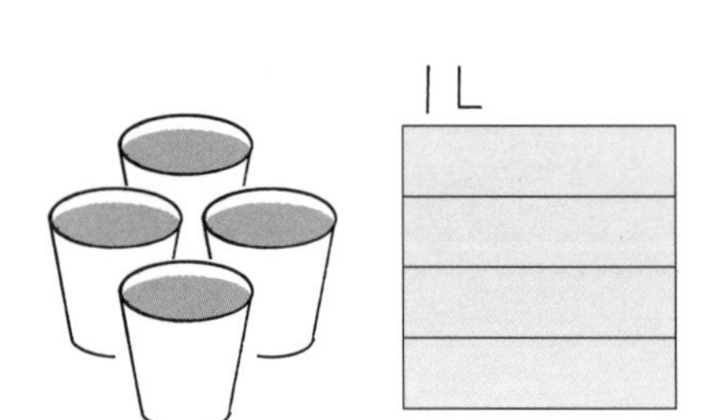

コップに入った水を1Lますに入れました。

同じコップ4はい分入れるとちょうど1Lになりました。1ぱい分の水のかさを$\frac{1}{4}$Lとかいて、「**4分の1リットル**」と読みます。

1Lますを4つに分けたうちの1つを$\frac{1}{4}$Lと表します。

1 次の水のかさを分数で表しましょう。

① 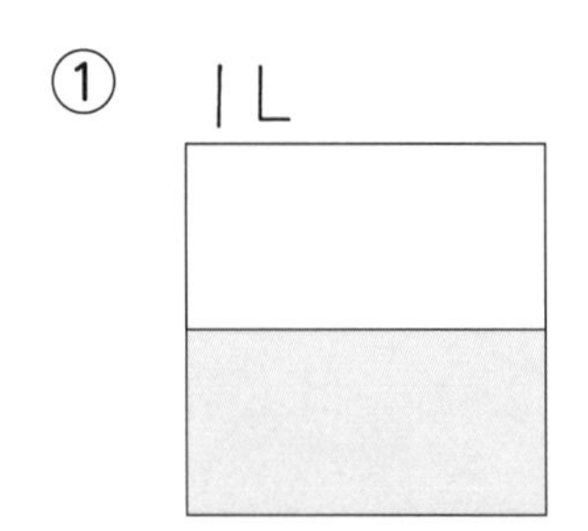

（　　L）

② 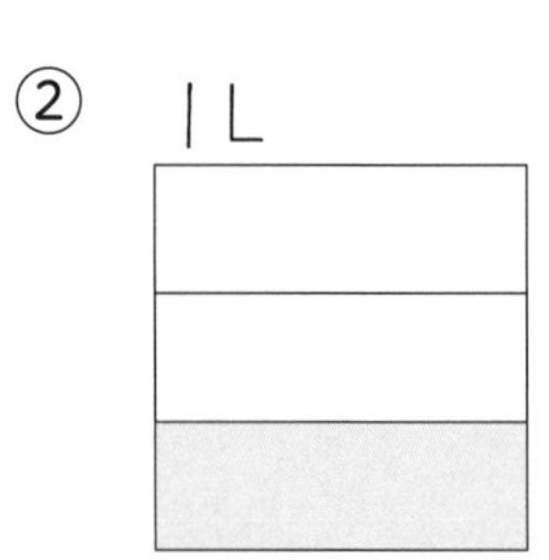

（　　L）

2 次の水のかさを分数で表しましょう。

① 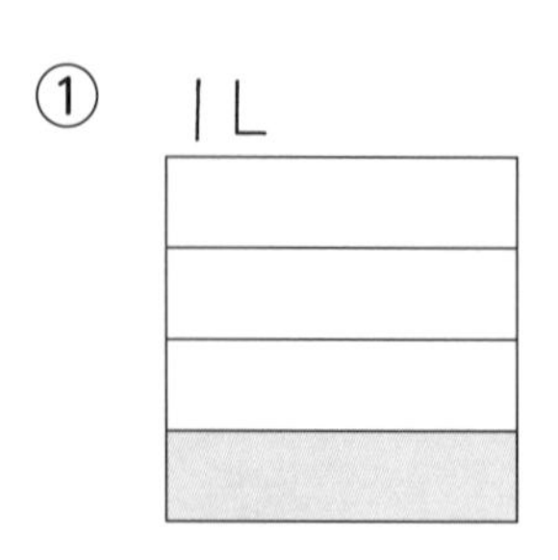

（　　L）

② 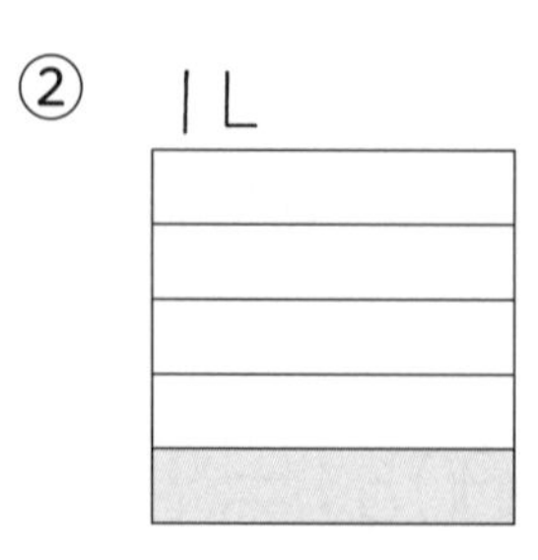

（　　L）

③ 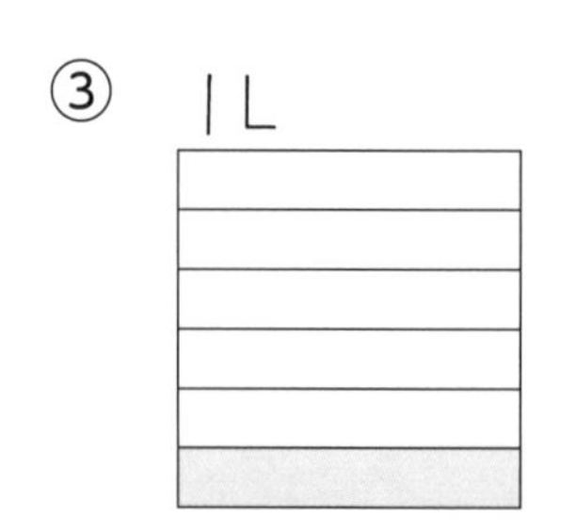

（　　L）

④ 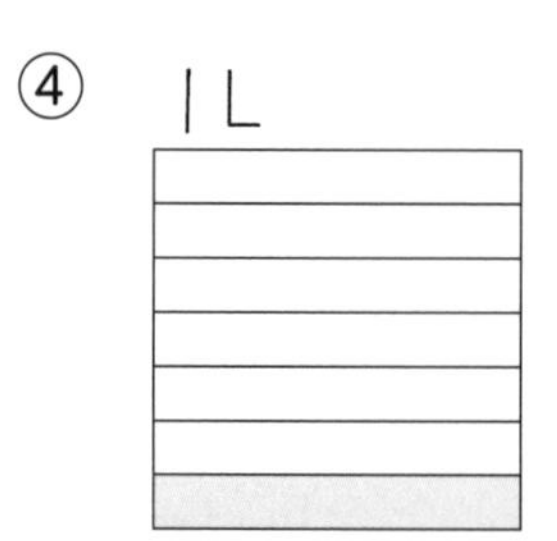

（　　L）

⑤ 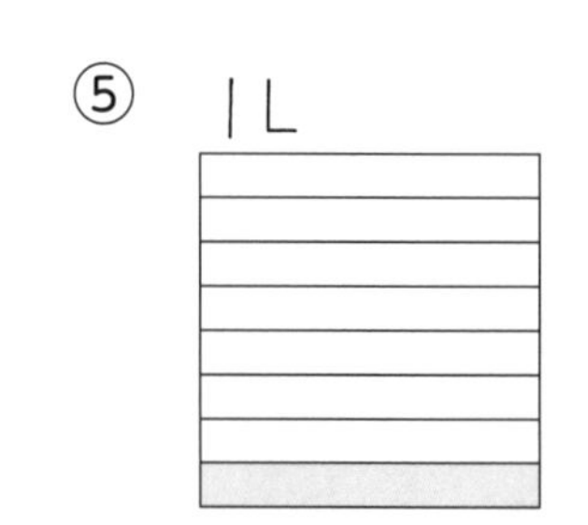

（　　L）

⑥ 1L

（　　L）

12 分　数 ②

学習日　　月　　日　　名前

色をぬろう　わからない　だいたいできた　できた！

1 次(つぎ)のテープの長さを分数で表しましょう。

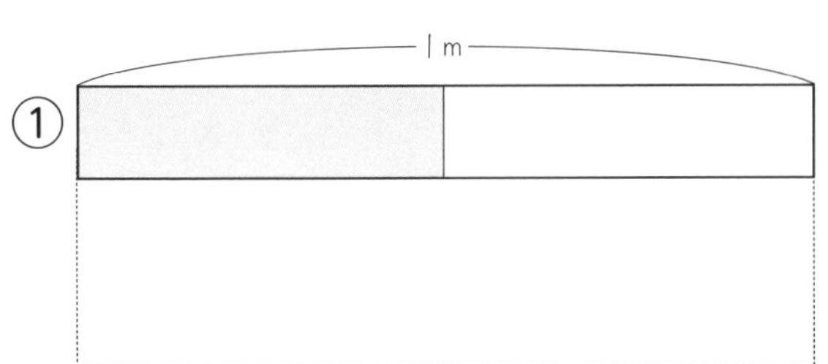

① ＿＿＿ m

② ＿＿＿ m

③ ＿＿＿ m

④ ＿＿＿ m

⑤ ＿＿＿ m

⑥ ＿＿＿ m

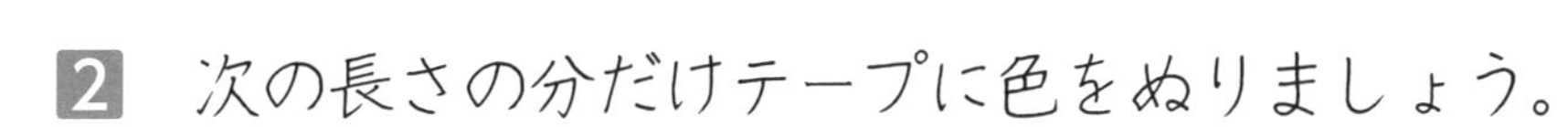

2 次の長さの分だけテープに色をぬりましょう。

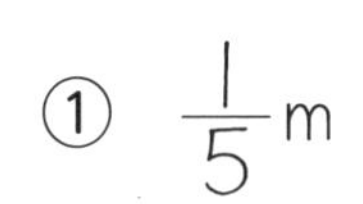

① $\frac{1}{5}$ m

② $\frac{1}{2}$ m

③ $\frac{1}{7}$ m

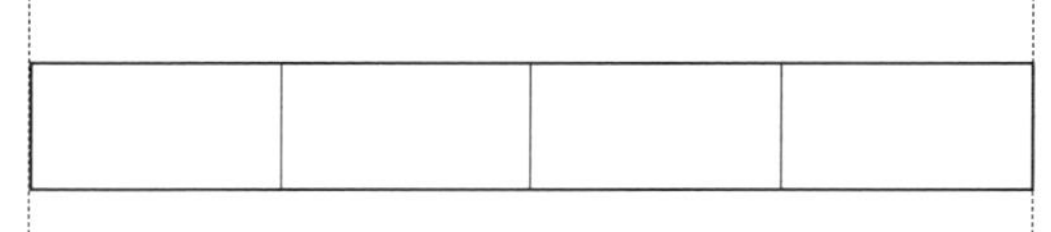

④ $\frac{1}{4}$ m

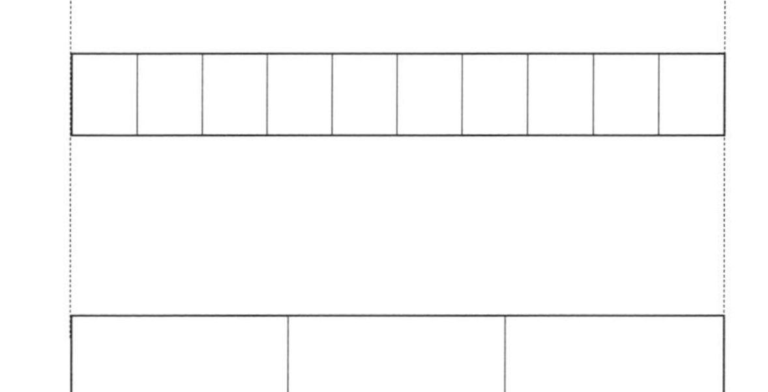

⑤ $\frac{1}{10}$ m

⑥ $\frac{1}{3}$ m

12 分　数 ③

学習日　月　日　名前

色をぬろう　わからない　だいたいできた　できた！

$\frac{2}{7}+\frac{3}{7}$ の計算は、次(つぎ)のようになります。

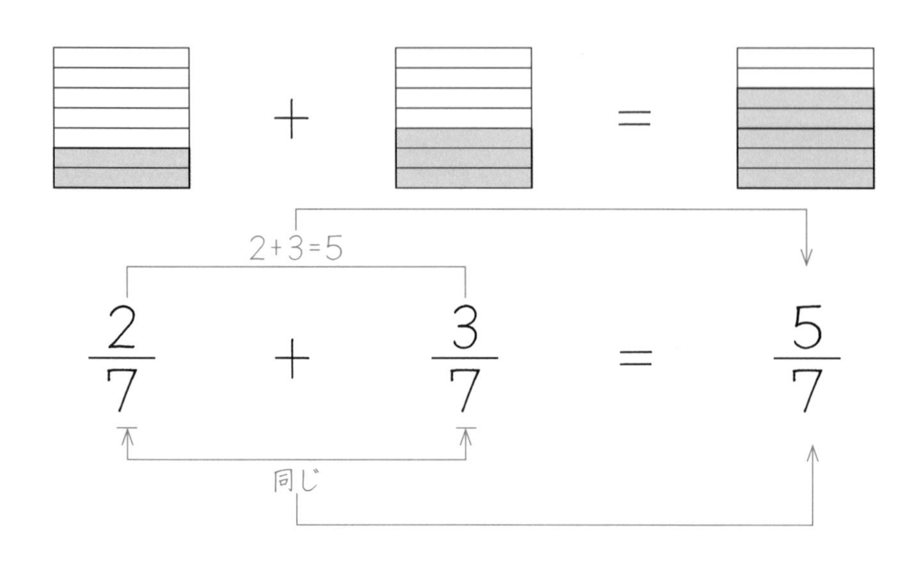

分母が同じ分数のたし算は

① 分母　…　同じ分母
② 分子　…　分子どうしのたし算

になります。

1 次の計算をしましょう。

① $\frac{1}{5}+\frac{2}{5}=\frac{\square}{5}$

② $\frac{1}{6}+\frac{3}{6}=\frac{\square}{\square}$

③ $\frac{4}{9}+\frac{4}{9}=\frac{\square}{\square}$

④ $\frac{1}{8}+\frac{6}{8}=\frac{\square}{\square}$

⑤ $\frac{3}{7}+\frac{3}{7}=\frac{\square}{\square}$

⑥ $\frac{4}{10}+\frac{3}{10}=\frac{\square}{\square}$

⑦ $\frac{1}{9}+\frac{4}{9}=\frac{\square}{\square}$

12 分　数 ④

学習日　月　日　名前

$\frac{5}{7}-\frac{2}{7}$ の計算は、次(つぎ)のようになります。

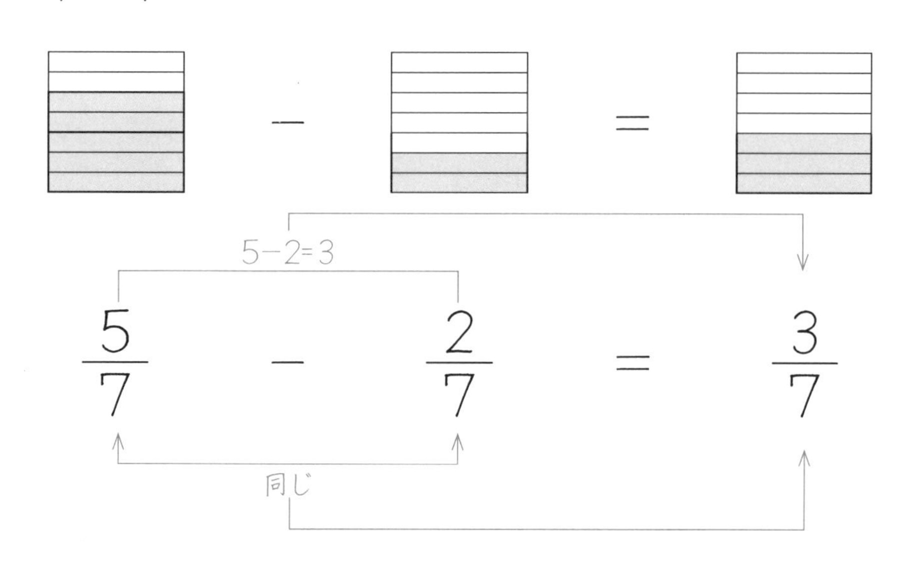

$$\frac{5}{7} - \frac{2}{7} = \frac{3}{7}$$

分母が同じ分数のひき算は

① 分母　…　同じ分母
② 分子　…　分子どうしのひき算

になります。

1 次の計算をしましょう。

① $\frac{3}{4}-\frac{2}{4}=\frac{\square}{4}$

② $\frac{4}{6}-\frac{3}{6}=$

③ $\frac{5}{7}-\frac{3}{7}=$

④ $\frac{6}{9}-\frac{4}{9}=$

⑤ $\frac{3}{5}-\frac{1}{5}=$

⑥ $\frac{7}{8}-\frac{5}{8}=$

⑦ $\frac{7}{10}-\frac{4}{10}=$

12 分　数 ⑤

学習日　月　日　名前

色をぬろう　わからない　だいたいできた　できた！

1 どちらの数が大きいですか。大きい方に○をつけましょう。

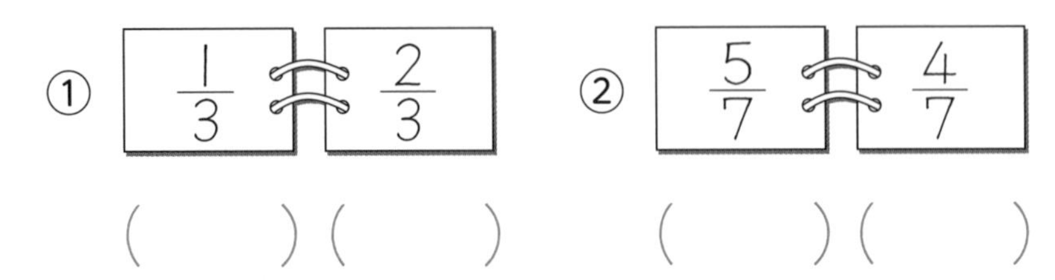

(　　)(　　)　(　　)(　　)

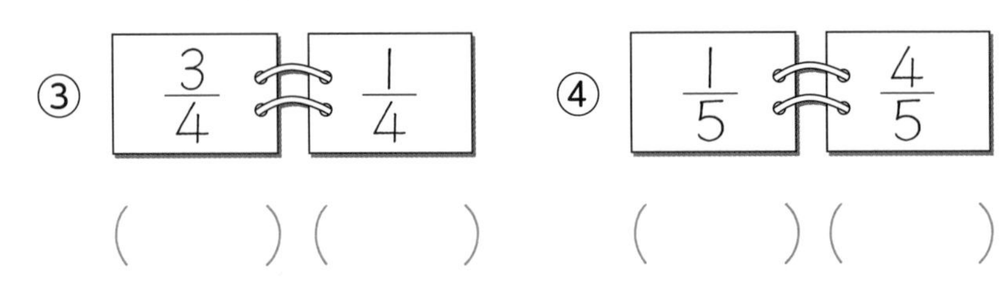

(　　)(　　)　(　　)(　　)

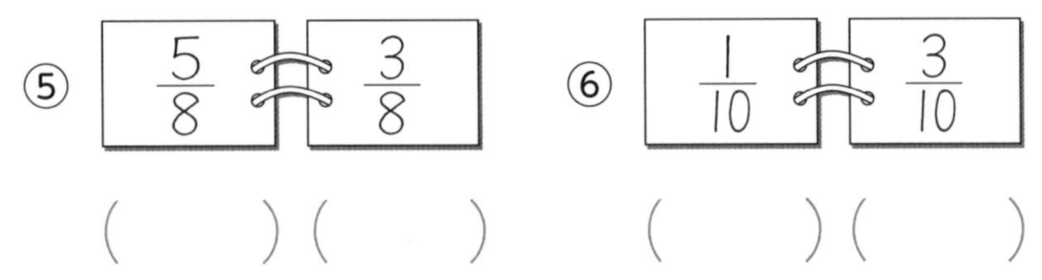

(　　)(　　)　(　　)(　　)

2 大きいじゅんにならべましょう。

① $\frac{3}{7}, \frac{5}{7}, \frac{1}{7}, \frac{2}{7}$ ＿＿＿＿＿＿＿＿

② $1, \frac{2}{5}, \frac{1}{5}, \frac{4}{5}$ ＿＿＿＿＿＿＿＿

3 分母が10の分数を数直線に表（あらわ）して、小数とくらべました。

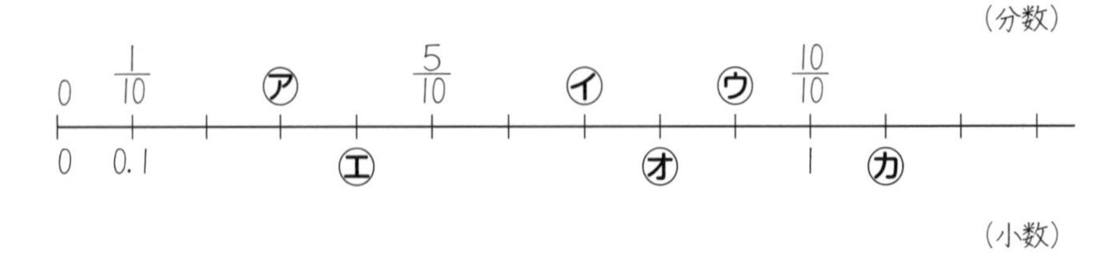

① ㋐、㋑、㋒にあてはまる分数は何ですか。

㋐＿＿＿＿　㋑＿＿＿＿　㋒＿＿＿＿

② ㋓、㋔、㋕にあてはまる小数は何ですか。

㋓＿＿＿＿　㋔＿＿＿＿　㋕＿＿＿＿

4 次（つぎ）の小数を分母が10の分数で表しましょう。

① 0.1＝□　② 0.3＝□

③ 0.7＝□　④ 1.1＝□

13 □を使った式 ①

学習日　月　日　名前

1 次(つぎ)の文を読んで式をかきましょう。

① えんぴつを12本持(も)っていました。兄から□本もらったので、全部(ぜんぶ)で18本になりました。

式(しき) 12＋□＝18

② えんぴつを□本持っていました。弟に3本あげたので、のこりは9本になりました。

式 □－3＝9

③ えんぴつが□本ずつ入った箱が3こあります。えんぴつは全部で36本ありました。

式 □×3＝36

④ 30本のえんぴつを、1人□本ずつわたすと6人に配(くば)れました。

式 30÷□＝6

2 次の文を読んで式をかきましょう。

① えんぴつを13本持っていました。兄から□本もらったので全部で20本になりました。

式 ____________

② えんぴつを□本持っていました。弟に5本あげたので、のこりは11本になりました。

式 ____________

③ えんぴつが□本ずつ入った箱が4こあります。えんぴつは全部で40本ありました。

式 ____________

④ 42本のえんぴつを、1人□本ずつわたすと7人に配れました。

式 ____________

□を使った式 ②

学習日　月　日　名前

1 花のカードを24まい持っていました。兄から何まいかもらったので、30まいになりました。

① もらったカードを□まいとして、たし算の式をかきましょう。

式 24＋□＝30

② □の数を計算でもとめましょう。

式 30－24＝

答え

2 色紙を35まい持っていました。姉から何まいかもらったので、45まいになりました。

① もらった色紙を□まいとして、たし算の式をかきましょう。

式

② □の数を計算でもとめましょう。

式

答え

3 植物のカードを何まいか持っていました。妹に12まいあげたので、28まいになりました。

① 持っていたカードを□まいとして、ひき算の式をかきましょう。

式 □－12＝28

② □の数を計算でもとめましょう。

式 28＋12＝

答え

4 動物のカードを何まいか持っていました。弟に14まいあげたので、26まいになりました。

① 持っていたカードを□まいとして、ひき算の式をかきましょう。

式

② □の数を計算でもとめましょう。

式

答え

□を使った式 ③

学習日　月　日　名前

色をぬろう　わからない　だいたいできた　できた！

1 あめが、同じ数ずつ入ったふくろが5ふくろあります。あめは全部(ぜんぶ)で40こです。

① 1ふくろのあめを□こととして、かけ算の式(しき)をかきましょう。

式 □×5＝40

② □の数を計算でもとめましょう。

式 40÷5＝

答え

2 クッキーが、同じ数ずつ入った箱(はこ)が6箱あります。クッキーは全部で30こです。

① 1箱のクッキーを□こととして、かけ算の式をかきましょう。

式

② □の数を計算でもとめましょう。

式

答え

3 35このももを、いくつかの箱に同じ数ずつ入れました。1箱分は7こになりました。

① 箱を□箱として、わり算の式をかきましょう。

式 35÷□＝7

② □の数を計算でもとめましょう。

式 35÷7＝

答え

4 28まいのカードを、何人かに同じ数ずつ配(くば)りました。1人分は4まいになりました。

① 人の数を□人として、わり算の式をかきましょう。

式

② □の数を計算でもとめましょう。

式

答え

□を使った式 ④

学習日　月　日　名前

色をぬろう　わからない　だいたいできた　できた！

1 □にあてはまる数をもとめましょう。

① □＋8＝28

□は　28−8＝□

② □−5＝20

□は　20＋5＝□

③ 32−□＝12

□は　32−12＝□

④ 9×□＝72

□は　72÷9＝□

2 みかんが何こかありました。みんなで7こ食べたので12このこりました。

① はじめにあったみかんを□こととして、式(しき)をかきましょう。

式 ＿＿＿＿＿＿＿＿

② □の数を計算でもとめましょう。

式 ＿＿＿＿＿＿＿＿

答え ＿＿＿＿＿＿

3 カードを5まいずつ配(くば)ったら45まいいりました。

① 配った人数を□人として式をかきましょう。

式 ＿＿＿＿＿＿＿＿

② □の数を計算でもとめましょう。

式 ＿＿＿＿＿＿＿＿

答え ＿＿＿＿＿＿

 かけ算の筆算 (×2けた) ①

学習日　　月　　日　　名前

色をぬろう　わからない　だいたいできた　できた！

23×12 の計算をしてみましょう。

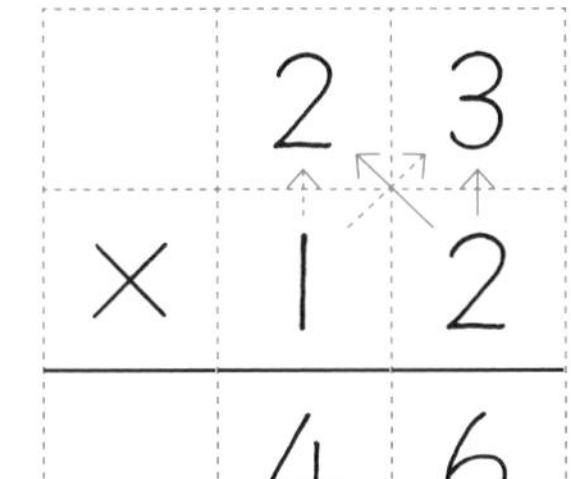

	4	6	⬅23×2 の計算
2	3		⬅23×1（23×10）の計算
2	7	6	⬅合計をする

1 次(つぎ)の計算をしましょう。

① 32 × 23

② 21 × 34

2 次の計算をしましょう。

① 18 × 42

② 37 × 24

③ 27 × 35

④ 36 × 23

かけ算の筆算（×2けた）②

学習日　月　日　名前

色をぬろう　わからない　だいたいできた　できた！

46×68 の計算をしてみましょう。

		4	6
	×	6	8
	3	6[4]	8
2	7[3]	6	
3	1	2	8

←46×8 の計算

←46×6（46×60）の計算

←合計をする

1 次（つぎ）の計算をしましょう。

①

		2	3
	×	8	7

②

		4	9
	×	4	8

2 次の計算をしましょう。

①

		6	5
	×	3	9

②

		8	7
	×	9	2

③

		9	4
	×	4	8

④

		3	7
	×	5	7

14 かけ算の筆算（×2けた）③

学習日　月　日　名前

16×78 の計算をしてみましょう。

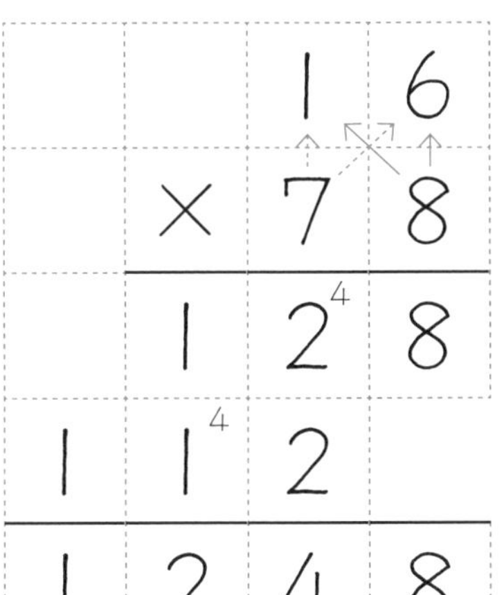

←16×8 の計算

←16×7（16×70）の計算

←合計をする

1 次(つぎ)の計算をしましょう。

①

		6	7
	×	3	6

②

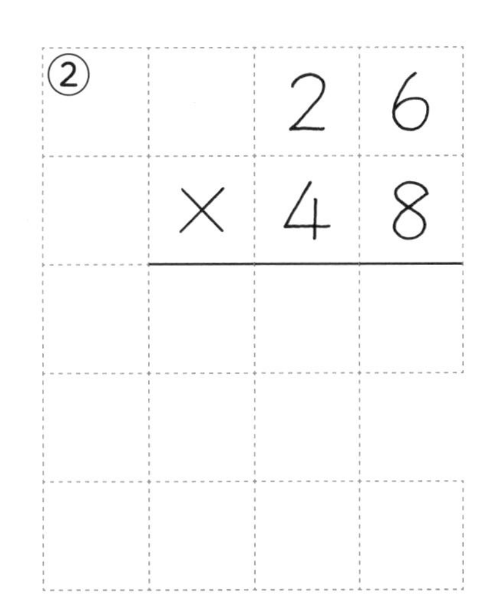

2 次の計算をしましょう。

①

		6	8
	×	8	3

②

		3	7
	×	6	3

③

		7	5
	×	4	8

④

		1	3
	×	8	9

14 かけ算の筆算（×2けた）④

学習日　月　日　名前

色をぬろう　わからない　だいたいできた　できた！

1　１こ64円のかきを36こ買いました。代金は何円ですか。

式 ＿＿＿＿＿＿＿＿

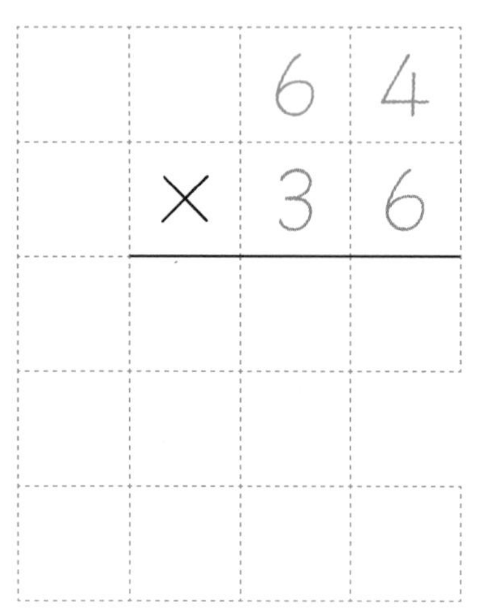

答え ＿＿＿＿＿＿

2　１箱36こ入りのみかんが48箱あります。みかんは全部で何こありますか。

式 ＿＿＿＿＿＿＿＿

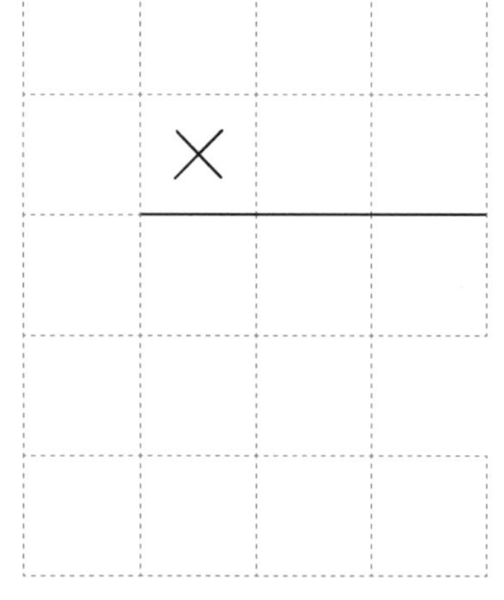

答え ＿＿＿＿＿＿

3　ビー玉を28こずつ入れたふくろが、48ふくろあります。ビー玉は全部で何こですか。

式 ＿＿＿＿＿＿＿＿

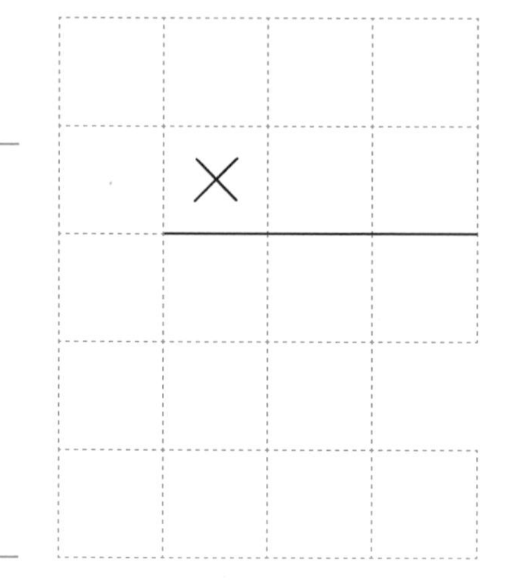

答え ＿＿＿＿＿＿

4　１たば75まいの色紙が、84たばあります。色紙は全部で何まいですか。

式 ＿＿＿＿＿＿＿＿

×

答え ＿＿＿＿＿＿

14 かけ算の筆算（×2けた）⑤

学習日　月　日　名前

色をぬろう　わからない　だいたいできた　できた！

123×21 の計算をしてみましょう。

	1	2	3	
×		2	1	
	1	2	3	⬅123×1 の計算
2	4	6		⬅123×2（123×20）の計算
2	5	8	3	⬅合計をする

1 次の計算をしましょう。

①

	2	2	1
×		4	3

②

	3	2	3
×		2	3

2 次の計算をしましょう。

①

	2	3	4
×		4	1

②

	4	2	6
×		2	3

③

	2	5	4
×		2	6

④

	3	2	6
×		2	6

かけ算の筆算（×2けた）⑥

学習日　月　日

名前

1 次(つぎ)の計算をしましょう。

① 103×23

② 402×24

③ 208×42

④ 306×27

2 次の計算をしましょう。

① 260×32

② 430×23

③ 200×43

④ 300×25

かけ算の筆算（×2けた）⑦

学習日　月　日　名前

1 次(つぎ)の計算をしましょう。

① 864×49

② 725×35

③ 204×53

④ 804×72

2 次の計算をしましょう。

① 189×67

② 278×98

③ 777×74

④ 888×67

14 かけ算の筆算（×2けた）⑧ まとめ

学習日　　月　　日

名前

　　点　ごうかく 80〜100点

1 □にあてはまる数をかきましょう。（□1つ10点）

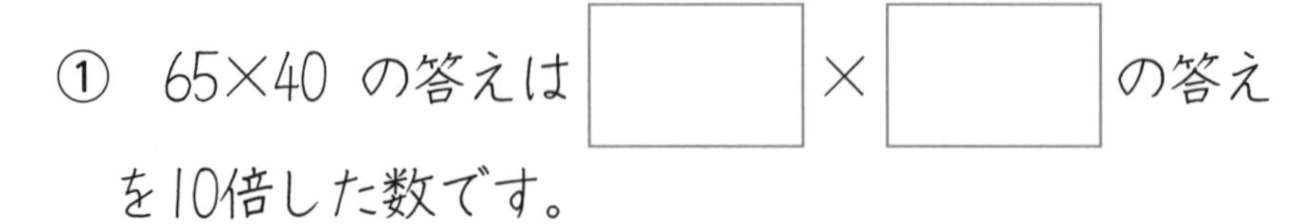

① 65×40 の答えは □ × □ の答えを10倍した数です。

② 80×30 の答えは、8×3の答えを □ 倍した数です。

③ 24×36 の答えは、24×30 の答えと 24× □ の答えをたした数です。

④ 185× □ の答えは、185×40 と 185×2 の答えをたした数です。

2 下の計算はどこがまちがっていますか。
正しい答えになおしましょう。（10点）

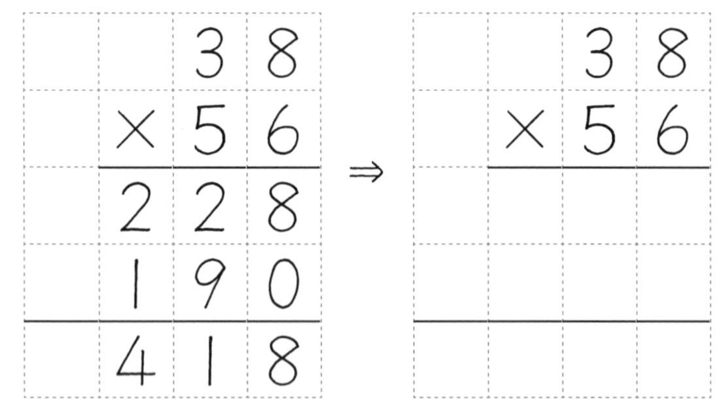

		3	8
	×	5	6
	2	2	8
	1	9	0
	4	1	8

⇒

		3	8
	×	5	6

3 次（つぎ）の計算をしましょう。（1つ10点）

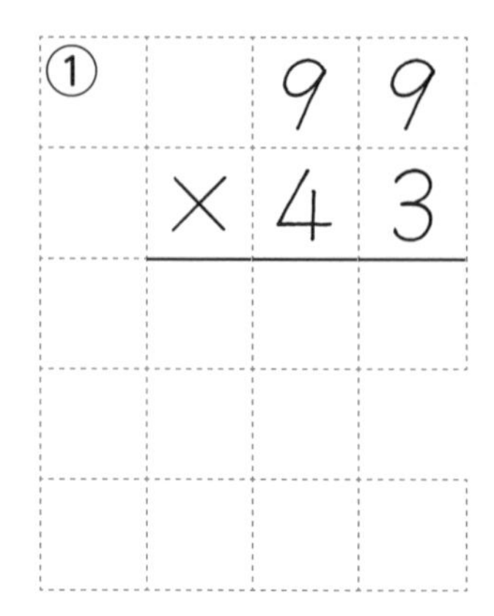

①

		9	9
	×	4	3

②

		3	6
	×	6	9

③

		8	5	3
	×		8	7

④

		5	7	9
	×		9	7

15 三角形 ①

学習日　月　日　名前

色をぬろう　わからない　だいたいできた　できた！

2つの辺の長さが等しい三角形を **二等辺三角形** といいます。

1 次の三角形の中から、二等辺三角形を見つけて、記号で答えましょう。

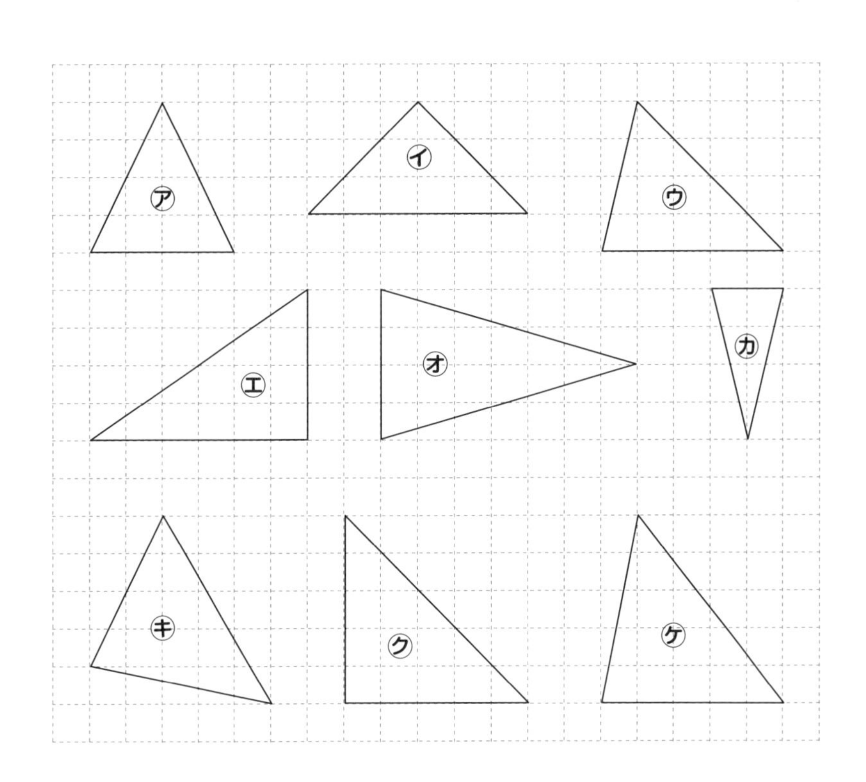

答え

2 コンパスを使って、等しい辺の長さが5cmの二等辺三角形をかきましょう。

4cm

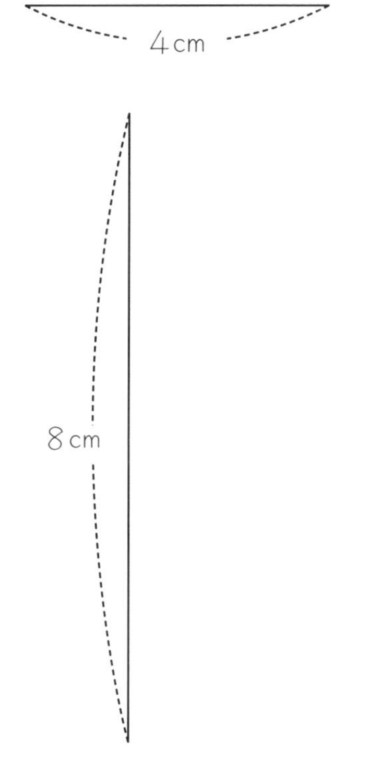

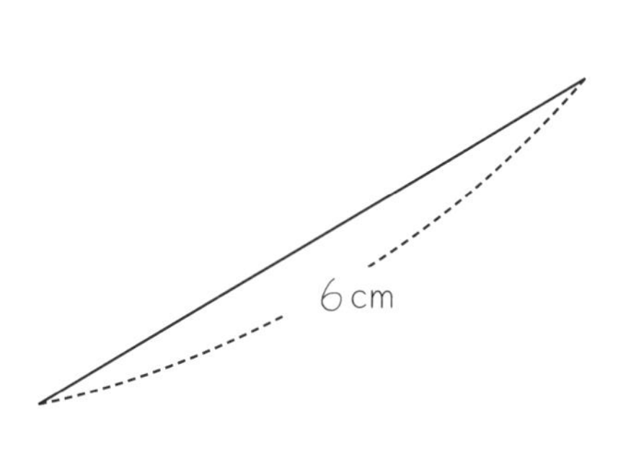

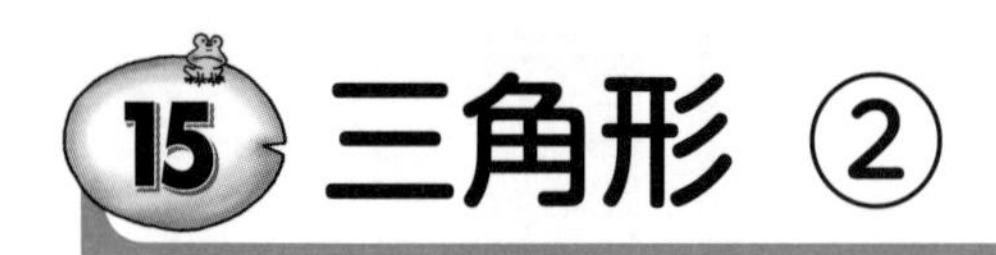

15 三角形 ②

学習日　月　日　名前

3つの辺の長さが等しい三角形を **正三角形** といいます。

1 次の三角形の中から、正三角形を見つけて、記号で答えましょう。

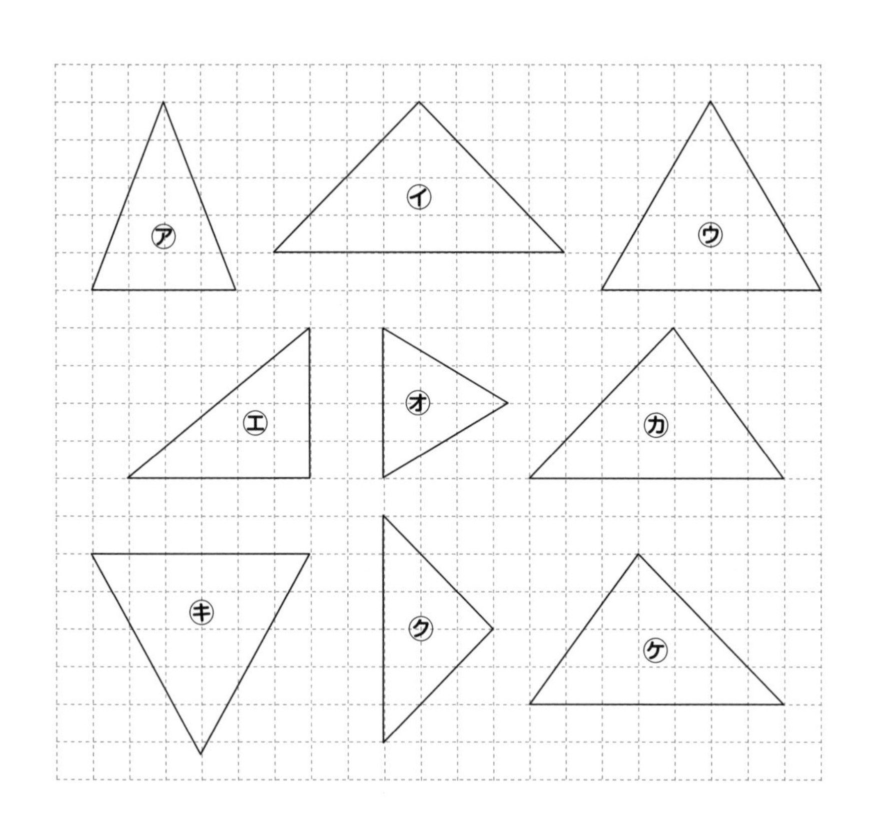

答え

2 コンパスを使って、正三角形をかきましょう。

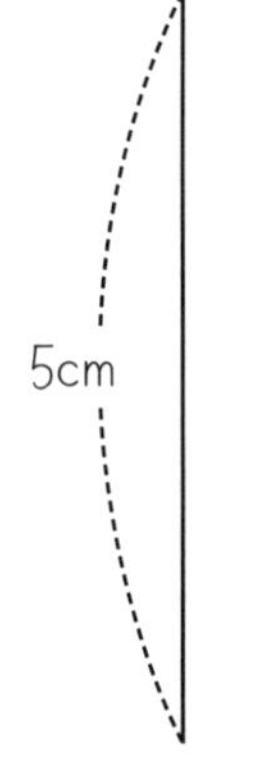

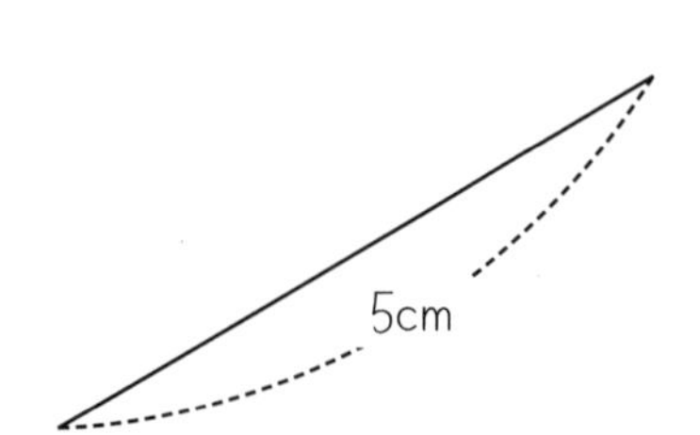

15 三角形 ③

学習日　月　日　名前

色をぬろう　わからない　だいたいできた　できた！

　図のように、１つのちょう点からでている２つの辺のつくる形を**角**といいます。

　角㋐と角㋑をくらべると、角㋑の方が大きくなります。

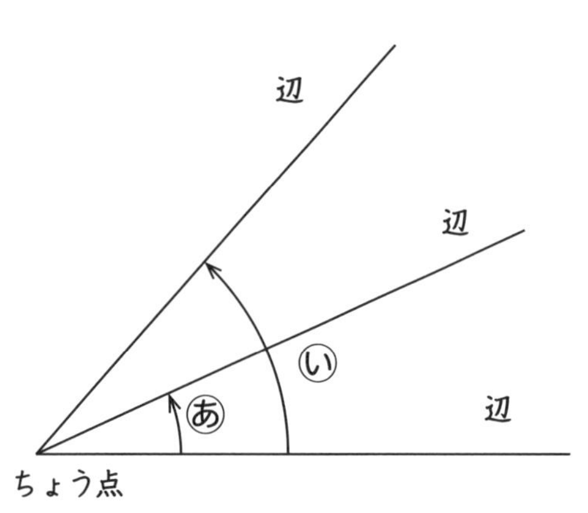

1　三角じょうぎの角について答えましょう。

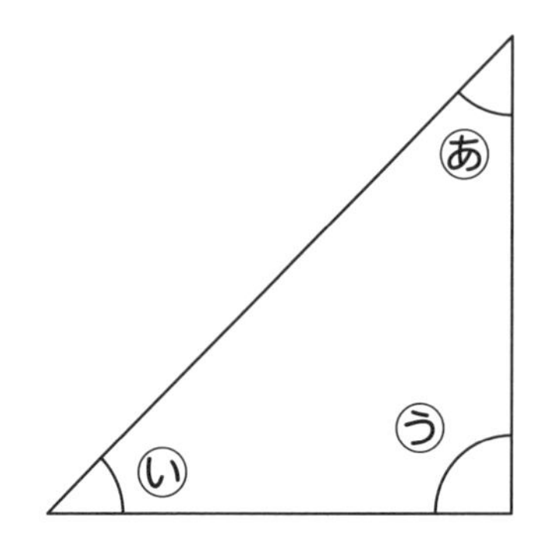

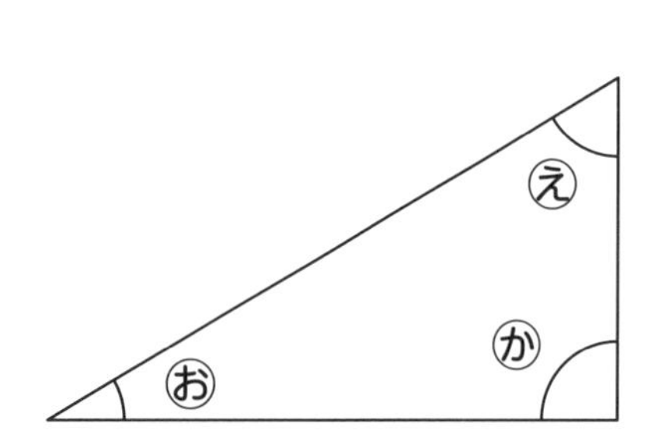

① 直角になっている角は、どれとどれですか。

答え

② ㋐～㋕の角のうち、いちばん小さい角はどれですか。

答え

2　三角じょうぎを２まいならべています。それぞれできた三角形の名前をかきましょう。

①

（　　　　）

②

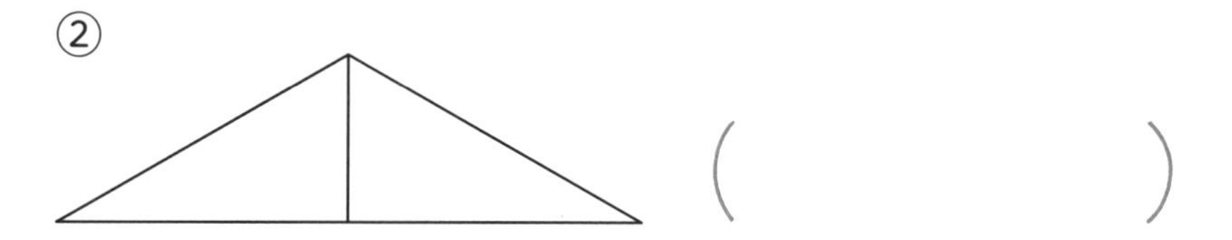

（　　　　）

③

（　　　　）

3　次の三角形は、どんな名前の三角形ですか。

① ２つの辺の長さが等しい三角形。

（　　　　）

② ３つの辺の長さが等しい三角形。

（　　　　）

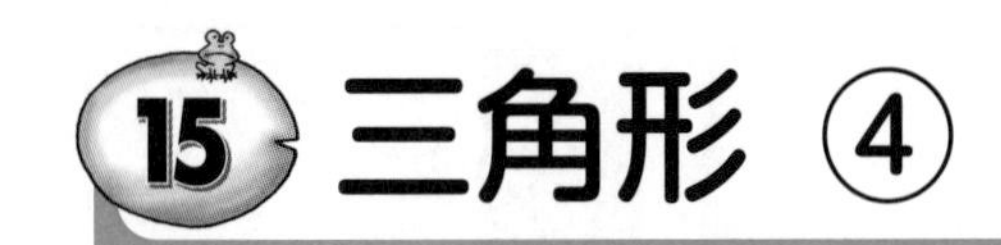

15 三角形 ④

学習日　月　日　名前

1 円の中心やまわりの点を使って二等辺三角形や正三角形をかきましょう。

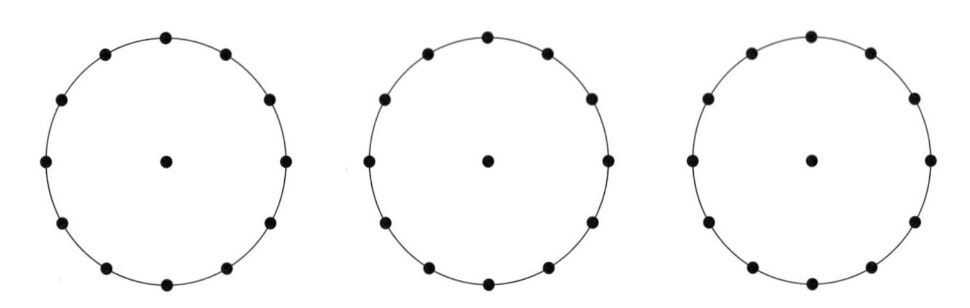

2 図の２つの円は半径２cmで、**ア**と**イ**は円の中心です。

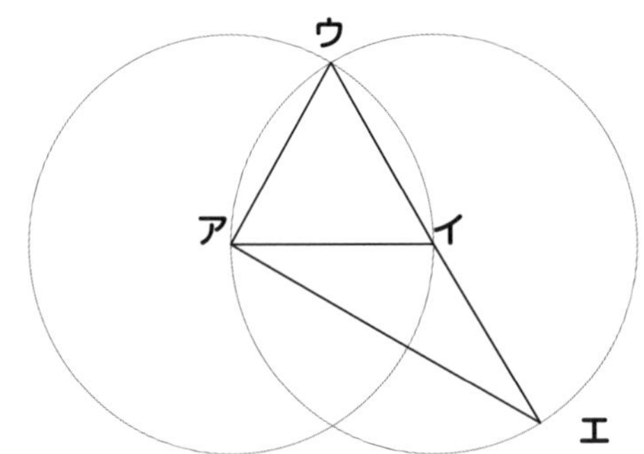

① 三角形**アイウ**は、何という三角形ですか。

（　　　　　　）

② 三角形**アイエ**は、何という三角形ですか。

（　　　　　　）

二等辺三角形を２つにおりました。すると、２つの角がぴったり重なりました。二等辺三角形の２つの角の大きさは等しくなります。

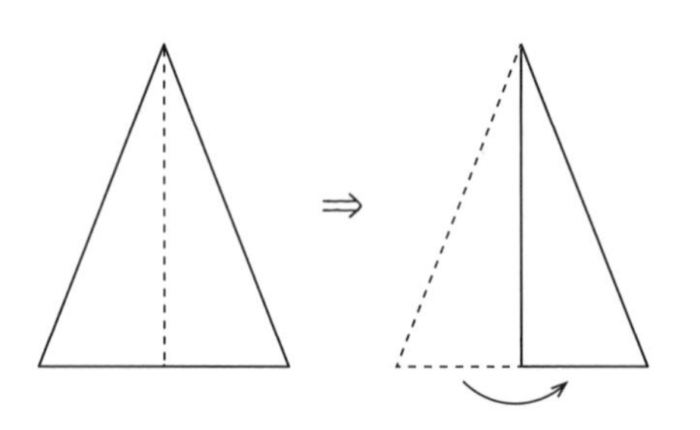

正三角形を２つにおりました。どちらのときも、２つの角がぴったり重なりました。正三角形の３つの角の大きさは等しくなります。

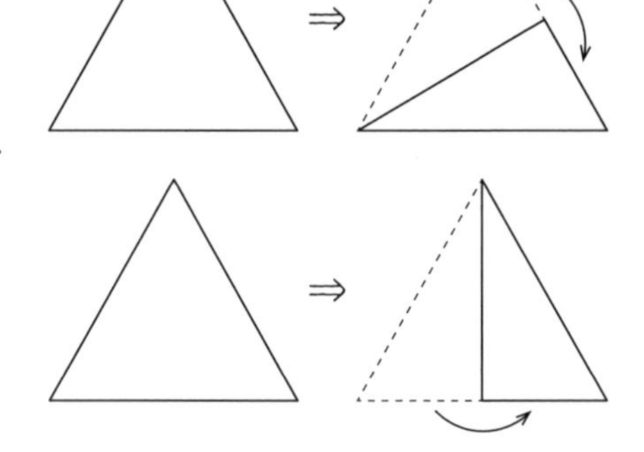

3 次の三角形は、どんな名前の三角形ですか。

① ３つの角が等しい三角形。

（　　　　　　）

② ２つの角が等しい三角形。

（　　　　　　）

15 三角形 ⑤ まとめ

学習日　月　日　名前

点
ごうかく
80~100
点

1 □にあてはまる数をかきましょう。（□1つ5点）

二等辺三角形(にとうへんさんかくけい)は□つの辺の長さが等(ひと)しく、□つの角の大きさが等しい三角形です。

正三角形は□つの辺の長さが等しく、□つの角の大きさが等しい三角形です。

2 次(つぎ)の三角形をかきましょう。（1つ20点）

① 辺の長さがどれも4cmの三角形

② 辺の長さが3cm、6cm、6cmの三角形

3 次の角を大きいじゅんにかきましょう。（20点）

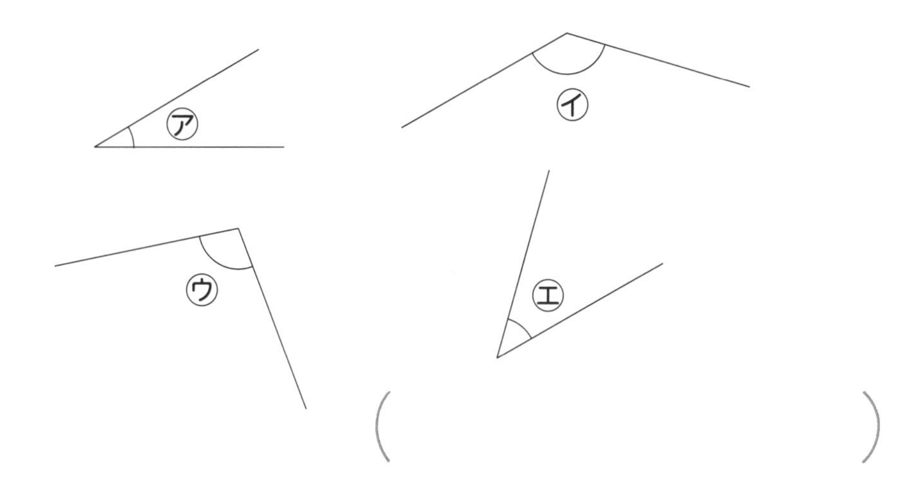
ア
イ
ウ
エ

（　　　　）

4 おり紙で三角形を作ります。なんという三角形ができますか。（1つ10点）

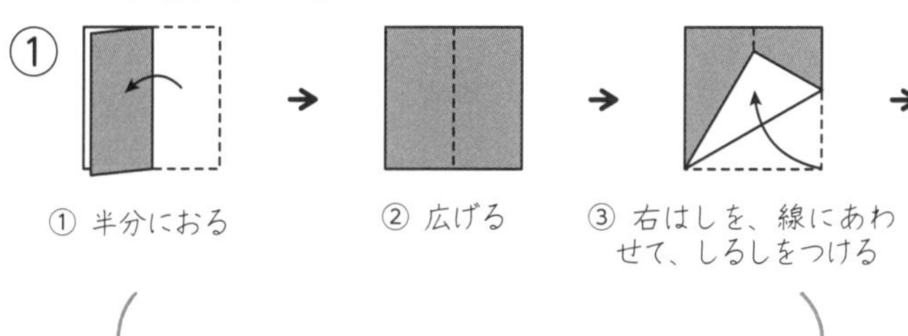
①
① 半分におる
② 広げる
③ 右はしを、線にあわせて、しるしをつける
④ 三角形をかいて切る

（　　　　）

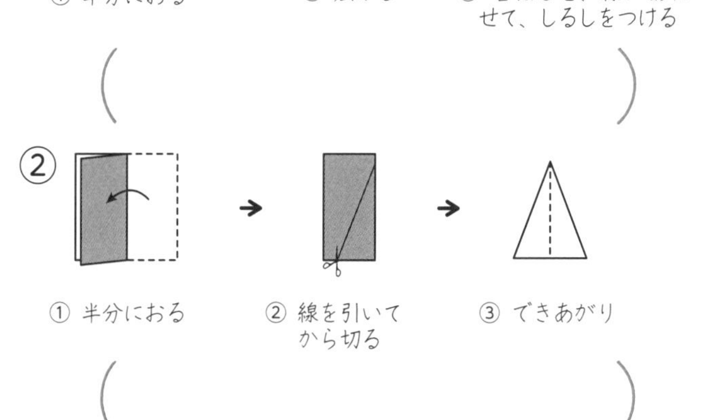
②
① 半分におる
② 線を引いてから切る
③ できあがり

（　　　　）

16 表とグラフ ①

学習日　月　日　名前

色をぬろう　わからない　だいたいできた　できた！

1 りんご、みかん、いちご、メロンの中から、すきなものを1人1つずつかきました。

りんご	みかん	いちご	メロン	メロン
みかん	いちご	メロン	いちご	いちご
りんご	メロン	メロン	いちご	りんご
メロン	メロン	いちご	りんご	メロン
メロン	いちご	メロン	いちご	メロン

① すきなくだものを「正」の字をかいて数えましょう。

くだもの	正の字	数
りんご		
みかん		
いちご		
メロン		

② 何人がかきましたか。

答え

2 **1**の①を使(つか)って、ぼうグラフに表(あらわ)します。

① ぼうグラフのたての1目もりは何人を表していますか。

答え

② 一番多いのは何ですか。

答え

③ 一番少ないのは何ですか。

答え

④ メロンといちごの数のちがいはいくつですか。

答え

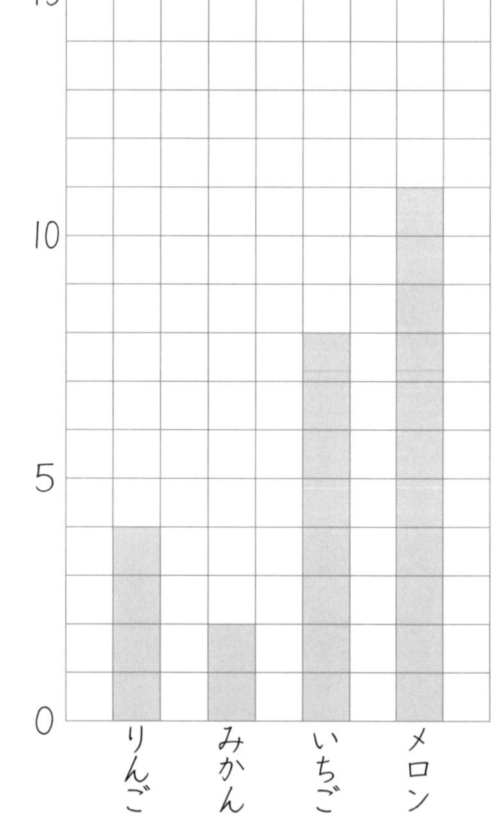

16 表とグラフ ②

学習日　月　日　名前

1 デパート前の大通りを、10時から10時10分までに通った乗り物を調べると、次のようになりました。

乗用車	正 正 下	オートバイ	正 T
バス	正 一	トラック	正 正
パトカー	T	ダンプカー	T

① 上の乗り物調べを表にしましょう。

乗り物調べ

しゅるい	乗用車	バス	オートバイ	トラック	その他
乗り物の数（台）					

② その他は、何と何ですか。

答え

③ 合計は何台ですか。

答え

④ 数がもっとも多い乗り物は何ですか。

答え

2 **1**の「乗り物調べ」の表を、ぼうグラフに表しましょう。

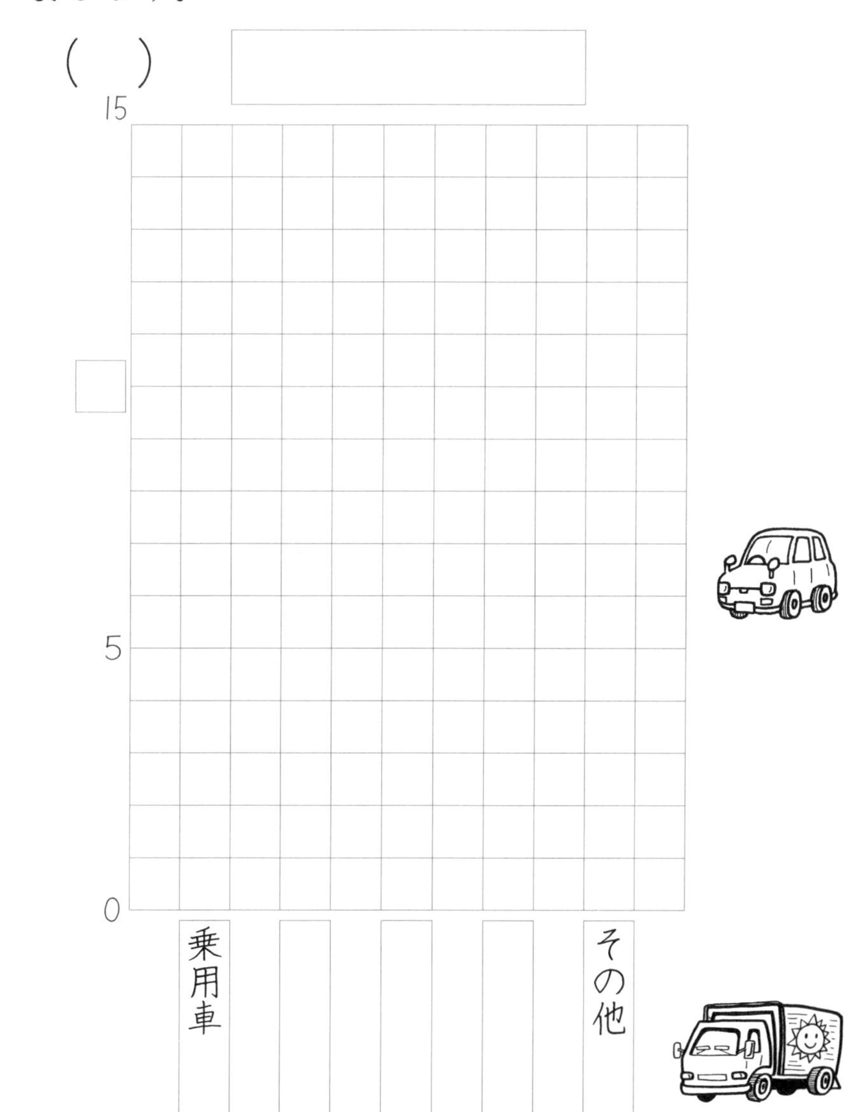

16 表とグラフ ③

学習日　　月　　日　　名前

1 「乗り物調べ」の表を、ぼうグラフに表しました。

乗り物調べ

しゅるい	乗用車	バス	オートバイ	トラック	その他	合計
乗り物の数（台）	13	6	7	9	4	39

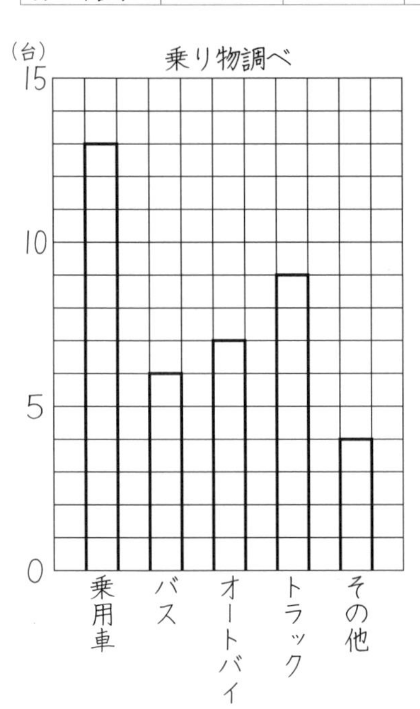

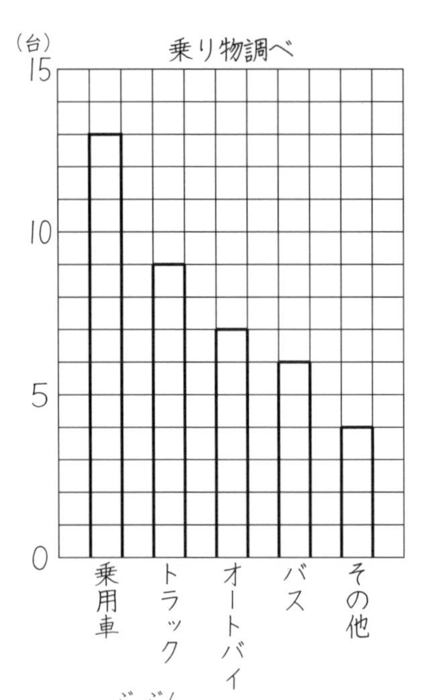

① グラフの台数をしめすぼうの部分に色をぬりましょう。

② 右のグラフは、左のグラフをならべかえました。台数の多いじゅん、少ないじゅんのどちらですか。

答え

2 3年生62人全員で「すきな動物調べ」をしました。

すきな動物調べ

動　物	ぞう	きりん	とら	さる	その他	合計
人数（人）	14	15	11	12	10	62

人数の多いじゅんに、ぼうグラフで表しましょう。

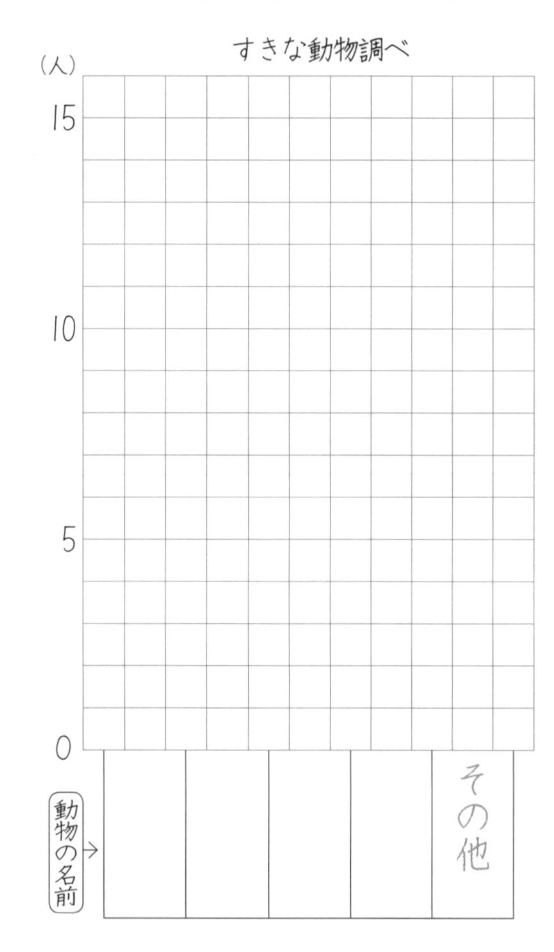

16 表とグラフ ④

学習日　月　日　名前

1 岩田さんが４日間、読書した時間のぼうグラフです。

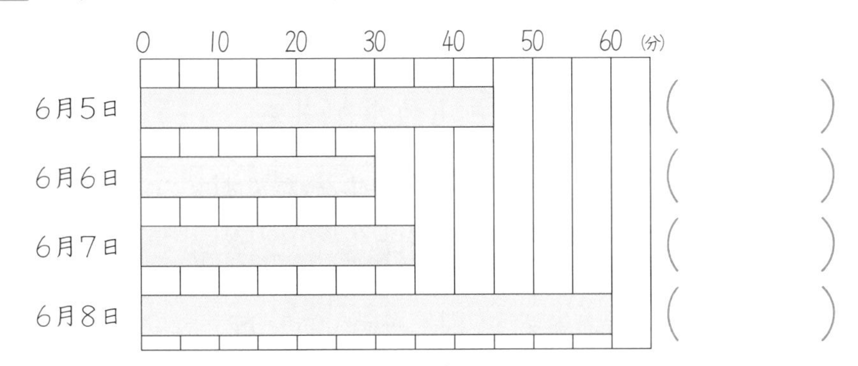

① １目もりは、何分を表(あらわ)していますか。

答え

② それぞれの日の読書した時間を（　　）にかきましょう。

2 すきな色調べの表(ひょう)を、多いじゅんにならべかえましょう。

色	赤	青	黄	みどり	ピンク	その他
人数（人）	10	11	4	7	5	3

⇓

色						その他
人数（人）						3

3 **2**の表を使って、ぼうグラフをかきましょう。

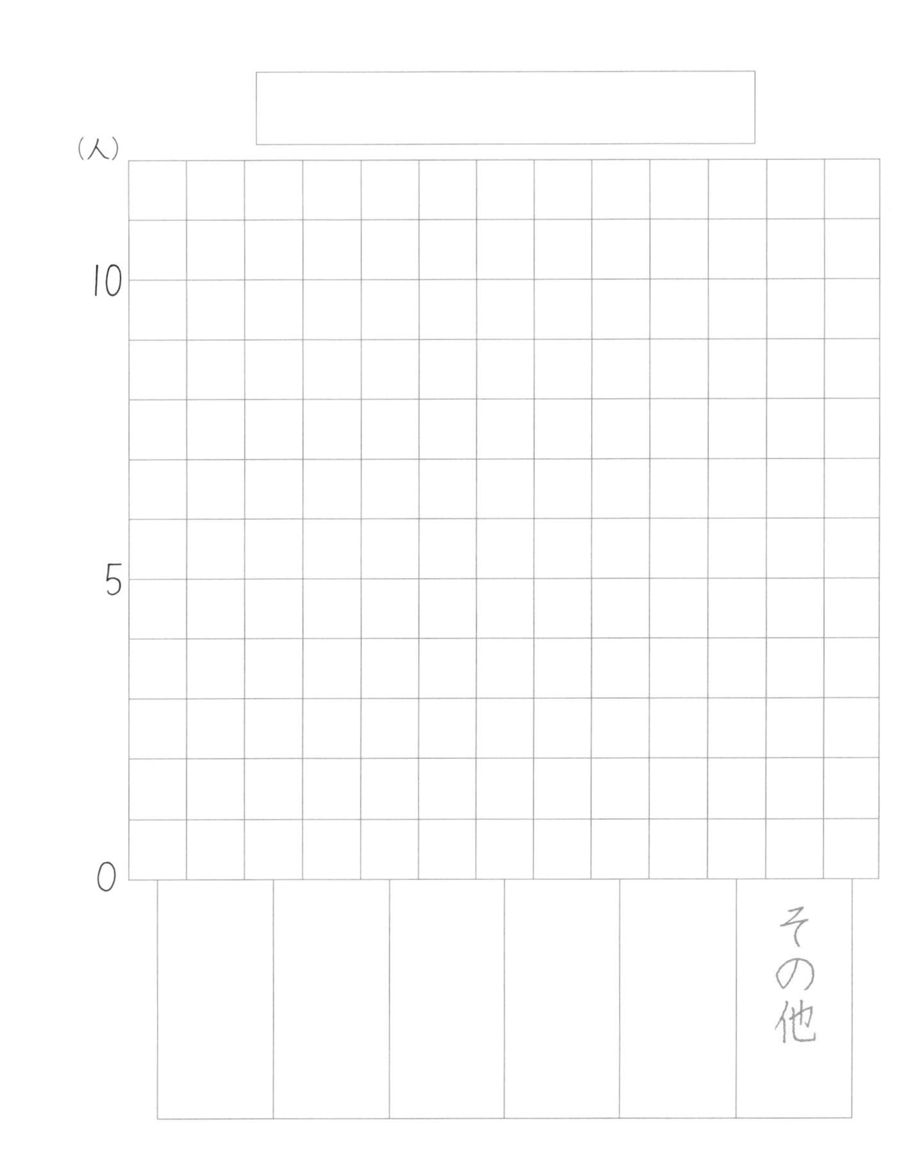

16 表とグラフ ⑤

学習日　月　日　名前

1 里山小学校で、9月にけがをした人数をけがのしゅるいべつに表(ひょう)にしました。

㋐～㋘にあてはまる数をかきましょう。

けが調べ（9月）　（人）

しゅるい＼月	1年	2年	3年	4年	5年	6年	合計
きりきず	2	3	2	3	4	㋕	17
すりきず	㋐	5	3	5	㋔	5	25
うちみ	1	2	3	㋓	2	6	㋗
その他	2	㋑	2	1	2	㋖	10
合計	9	13	㋒	13	11	14	㋘

㋐（　　　）　㋑（　　　）

㋒（　　　）　㋓（　　　）

㋔（　　　）　㋕（　　　）

㋖（　　　）　㋗（　　　）

㋘（　　　）

2 1号車、2号車、3号車に乗(の)っている人の男女べつ人数を表にしました。

① ㋐～㋕にあてはまる数をかきましょう。

号車ごとの男女の人数　（人）

	1号車	2号車	3号車	合計
男	20	㋒	㋓	59
女	25	㋑	26	㋔
合計	㋐	43	44	㋕

㋐（　　　）　㋑（　　　）

㋒（　　　）　㋓（　　　）

㋔（　　　）　㋕（　　　）

② ㋕は、何を表(あらわ)していますか。

答え＿＿＿＿＿＿

17 特別ゼミ 九九の表

学習日	名前
月　日	

1 下のマス目は、九九の表の一部分を切り取ったものです。あいているマス目に、答えになる数をかきましょう。

①

2	3
	6

②

	10
12	

③

	40
36	

④

	6	
4		12

⑤

5		
10		14

⑥

	32	36
35		

⑦

10		20
	18	

⑧

	12	
12		20

⑨

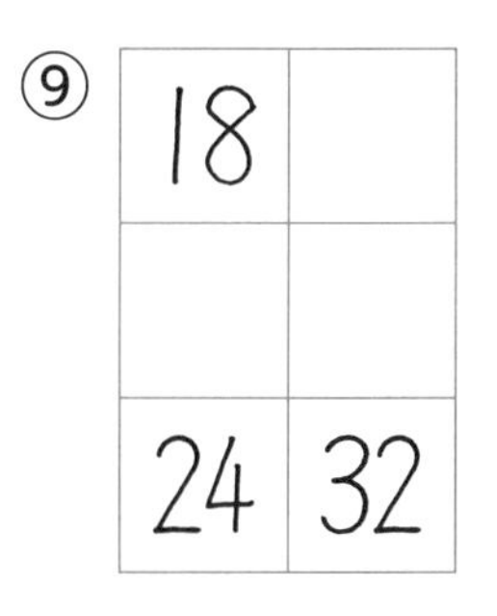

18	
24	32

⑩

35	
	48
45	

⑪

	16	
	20	
	24	

⑫

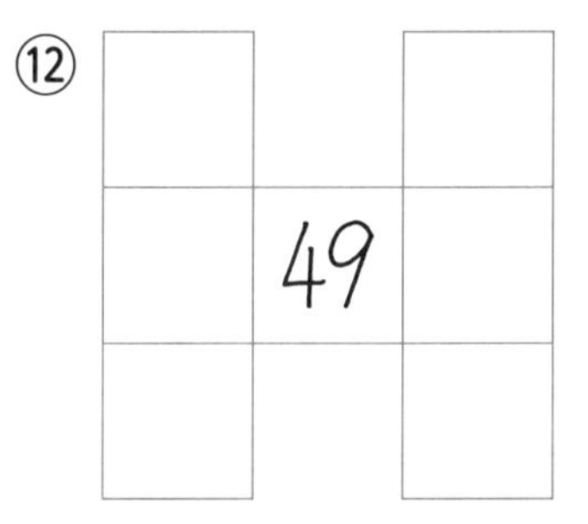

	49	

17 特別ゼミ 点を数える ①

学習日　月　日
名前

色をぬろう　わからない　だいたいできた　できた！

1 点（・）の数をかけ算の式を使ってもとめましょう。

①

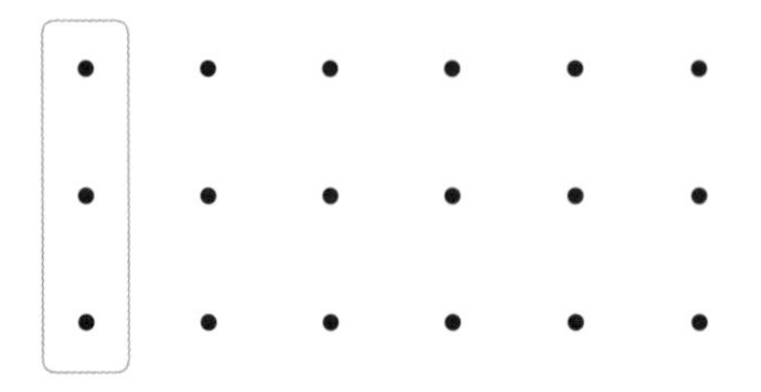

式 □ × □ ＝ □

②

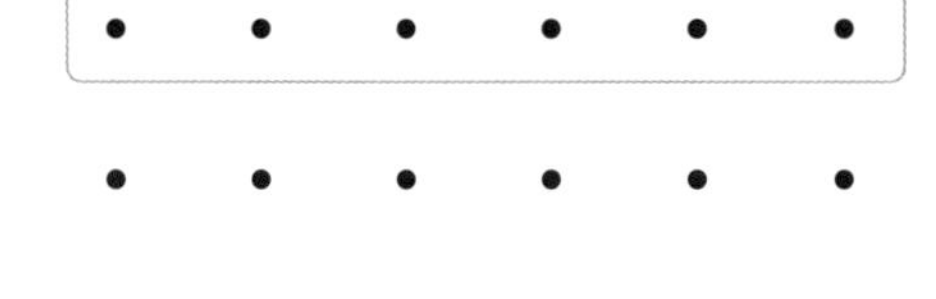

式 □ × □ ＝ □

③

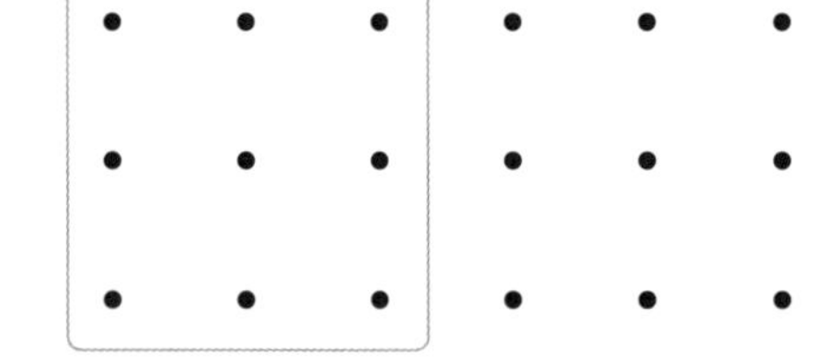

式 □ × □ ＝ □

2 点（・）の数をかけ算の式を使ってもとめましょう。

① 6つに分けて求めましょう。

式 □ × 6 ＝ □

② 4つに分けて求めましょう。

式 □ × □ ＝ □

③ 9つに分けて求めましょう。

式 □ × □ ＝ □

17 特別(とくべつ)ゼミ 点を数える ②

学習日　月　日　名前

1 点（・）の数をかけ算の式(しき)を使(つか)ってもとめましょう。

①

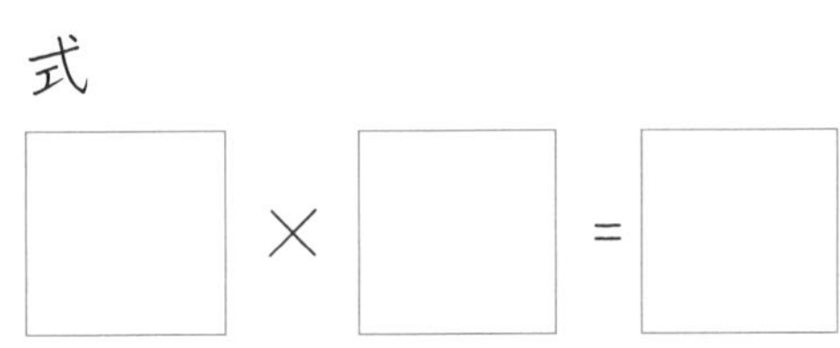

式 □ × □ ＝ □

②

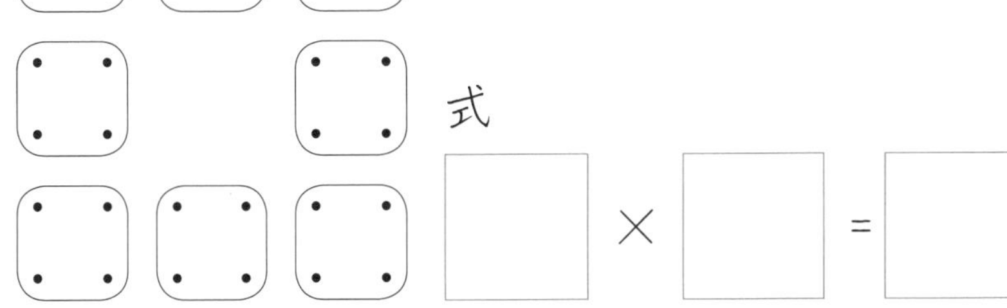

式 □ × □ ＝ □

③

式 □ × □ ＝ □

2 点（・）の数をもとめましょう。

①

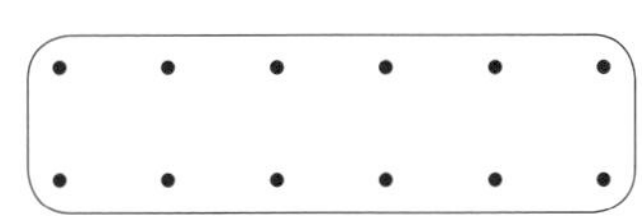

かけ算とたし算で

式 □ × 2 ＋ □ × 2 ＝ □

②

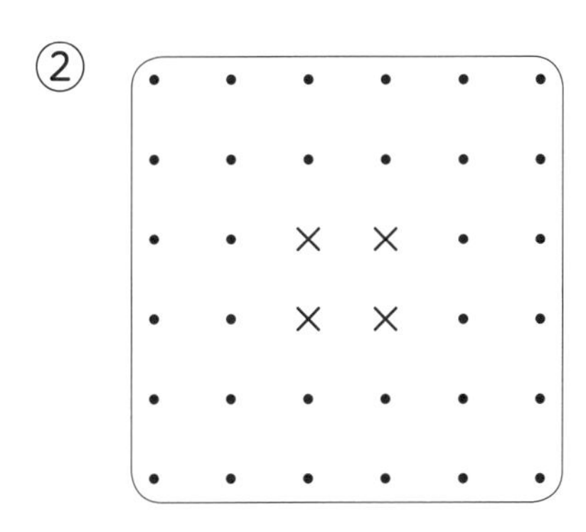

かけ算とひき算で

式 6 × 6 － □ × □ ＝ □

17 特別ゼミ 虫食い算

学習日　月　日　名前

1 □にあてはまる数をもとめましょう。

① 　26□ ＋ 2□4 ＝ □81

② 　□8□ ＋ 2□3 ＝ 831

③ 　8□5 − 43□ ＝ □28

④ 　703 − 3□□ ＝ □36

⑤ 　6□ × 8 ＝ 5□6

⑥ 　□5 × 6 ＝ 4□□

⑦ 　□76 × □ ＝ 23□0

⑧ 　3□□ × 9 ＝ □□86

2 □にあてはまる数をもとめましょう。

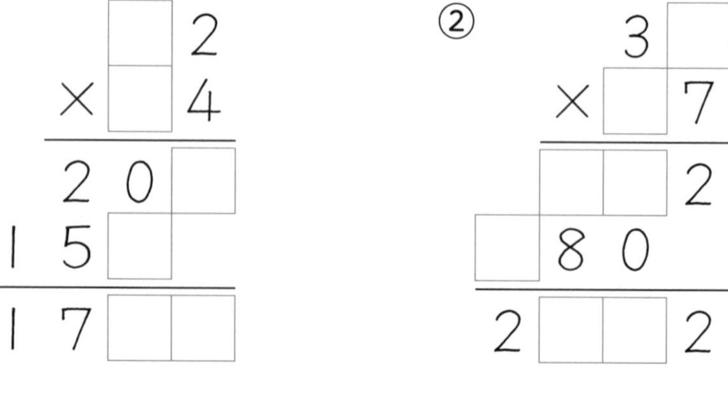

① 　□2 × □4
　　20□
　15□
　17□□

② 　3□ × □7
　　□□2
　□80
　2□□2

③ 　□7 × 5□
　　1□8
　2□□
　□53□

④ 　□□ × □8
　　□32
　16□
　2□□2

⑤ 　□8 × □3
　　1□□
　2□8
　3□□□

⑥ 　□6 × □2
　　□2
　13□
　13□2

特別ゼミ　3けた×3けた

学習日　月　日

名前

465×397 の筆算のしかたを考えましょう。

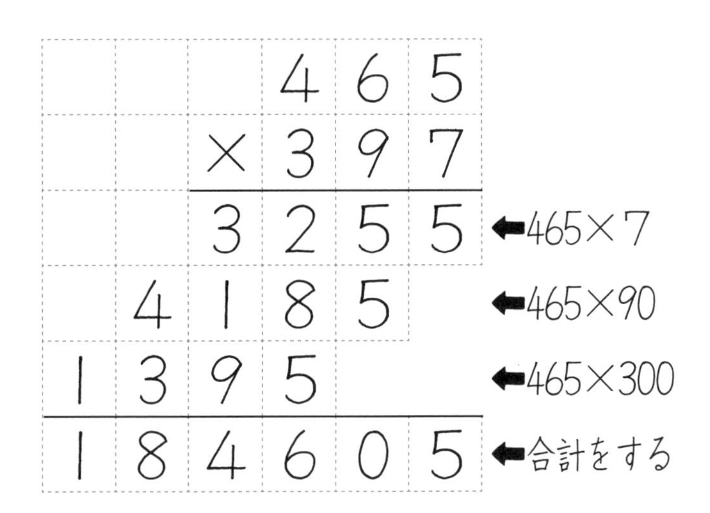

465×397 の計算は
465×7、465×90、465×300
の３つの計算をして、それぞれの位置にかきます。
それぞれの答えを合計してもとめます。

1　次の計算をしましょう。

①
```
  769
× 754
```

②
```
  642
× 478
```

17 特別ゼミ さいころの形 ①

学習日　月　日　名前

色をぬろう　わからない　だいたいできた　できた！

さいころの形には、6つの面があります。

下の図（展開図）を組み立てると、右のさいころの形になります。

このさいころの向きあう面の色は、同じ色になります。

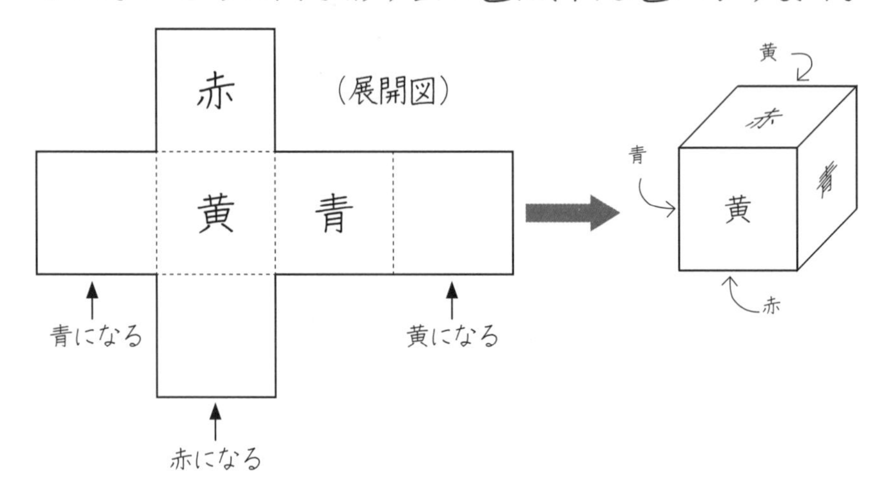

このさいころの面の色は、赤、黄、青の3つの面がわかれば、のこりの面の色はわかります。

1　次のさいころの展開図に、赤、黄、青をかきましょう。

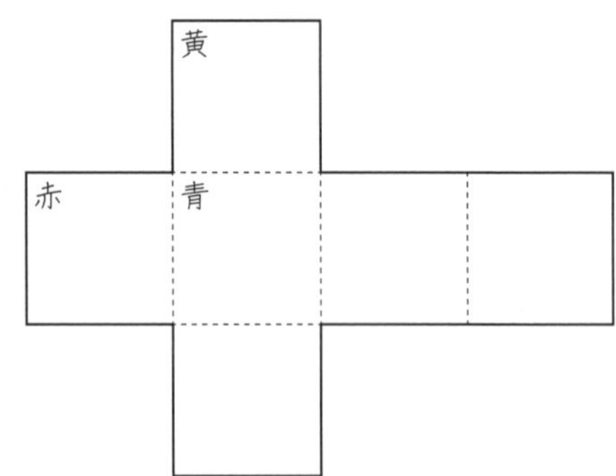

2　次の図もさいころの展開図です。6つの面に、赤、黄、青をかきましょう。

①

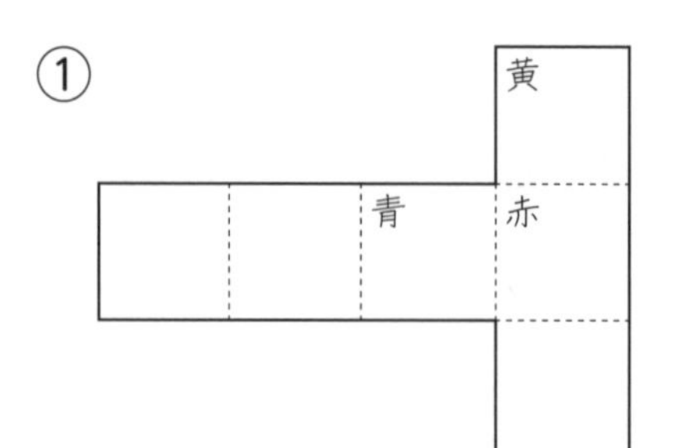

②

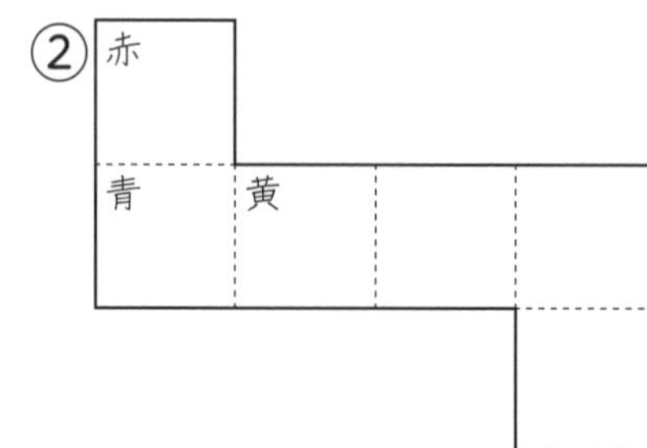

③

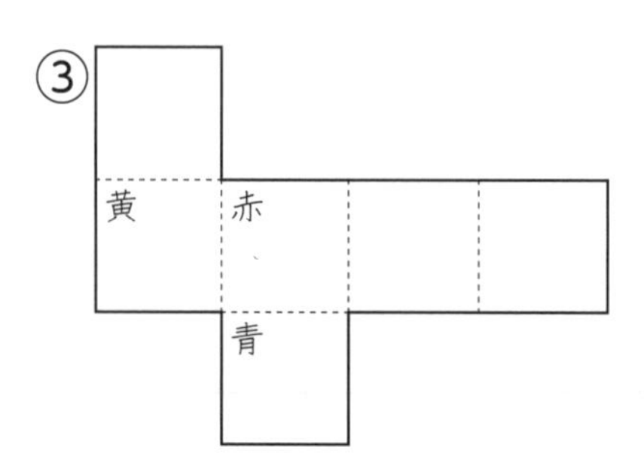

④

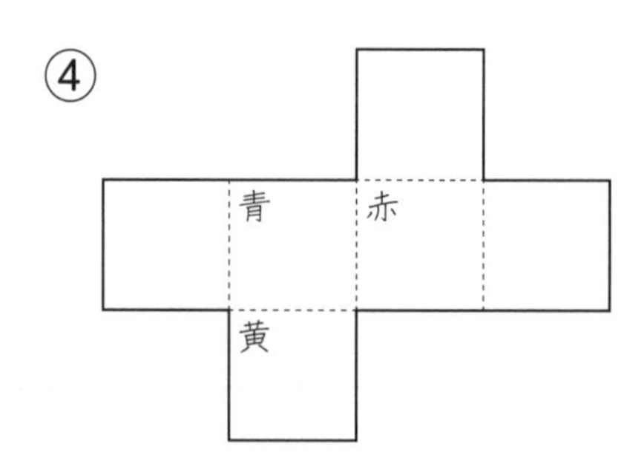

⑤

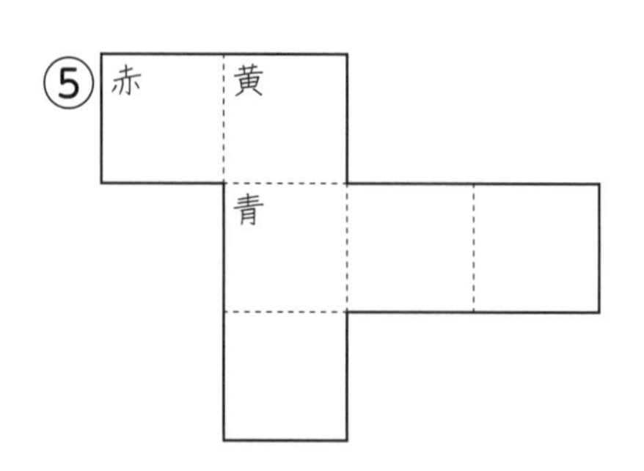

⑥

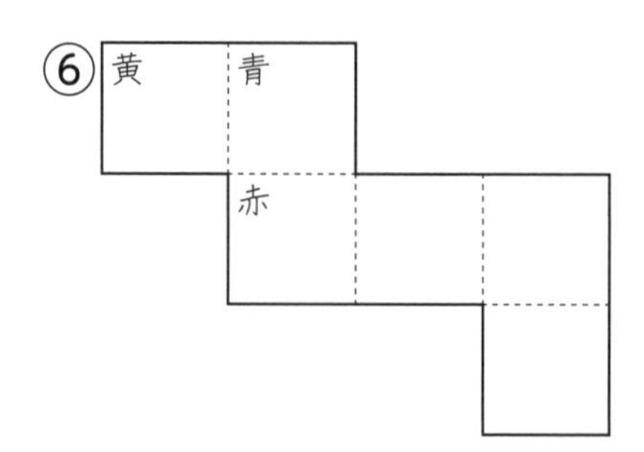

17 特別ゼミ さいころの形 ②

学習日　月　日　名前

色をぬろう

さいころは、向かいあう面の目の数をたすと、7になります。

1と6、2と5、3と4です。（目の数を数字でかきかえます。）

左のさいころを切り開くと、下の図のようになります。（さいころの形の展開図は、全部で11あります。）

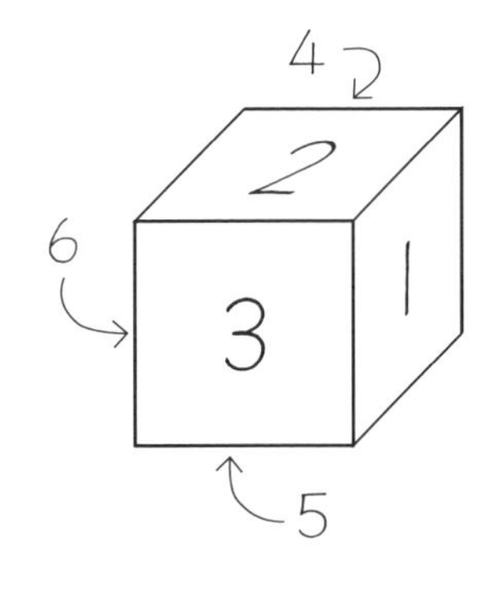

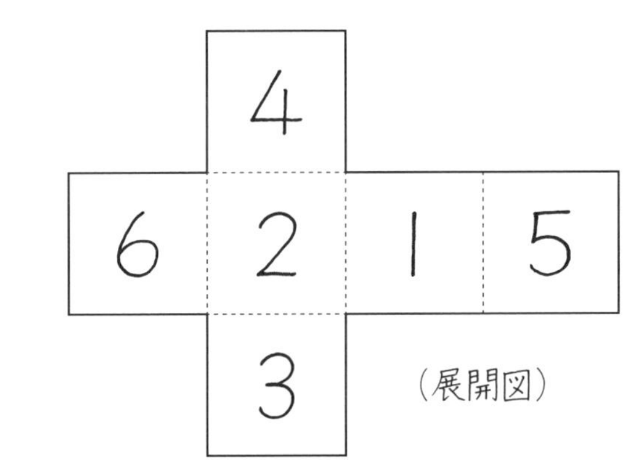

（展開図）

1 さいころの目の数は、一方がわかれば7－○でもとめられます。

右のさいころの展開図に、4、5、6をかき入れましょう。

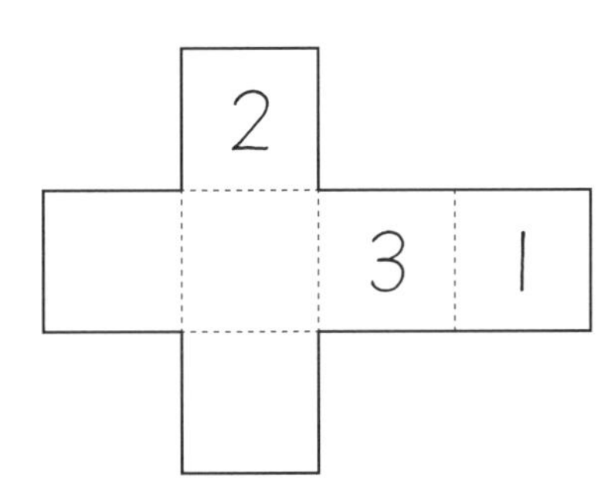

2 次のさいころの展開図に、4、5、6をかき入れましょう。

①

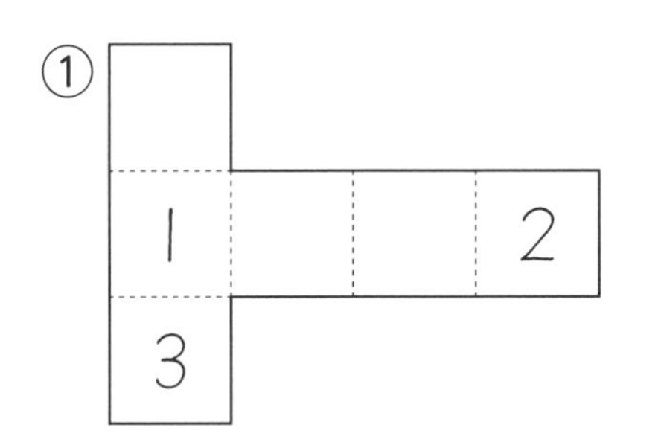

②

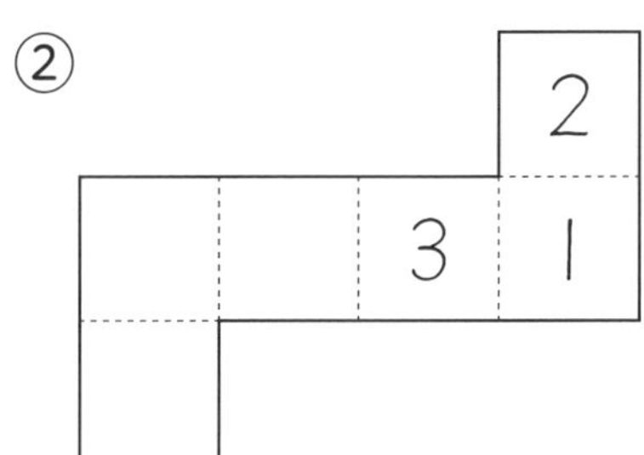

③

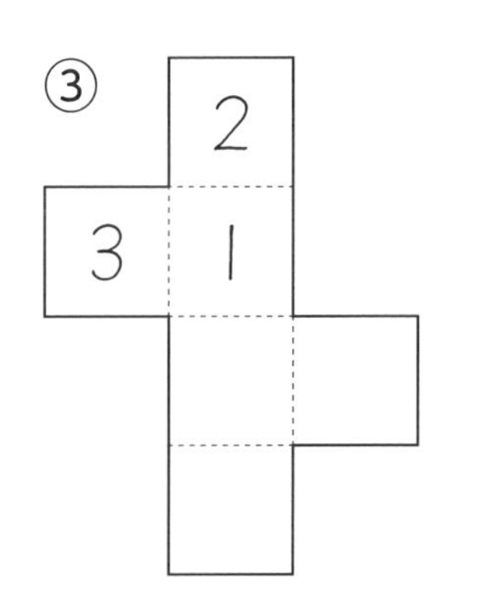

④

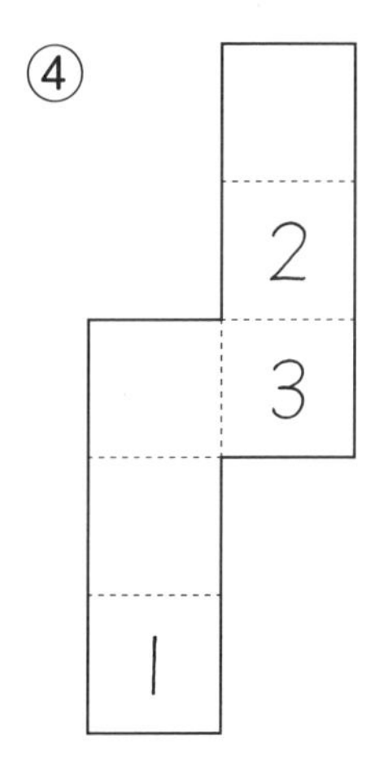

⑤

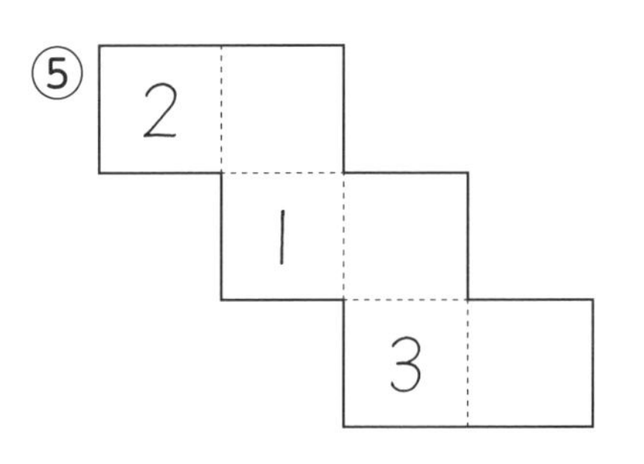

⑥

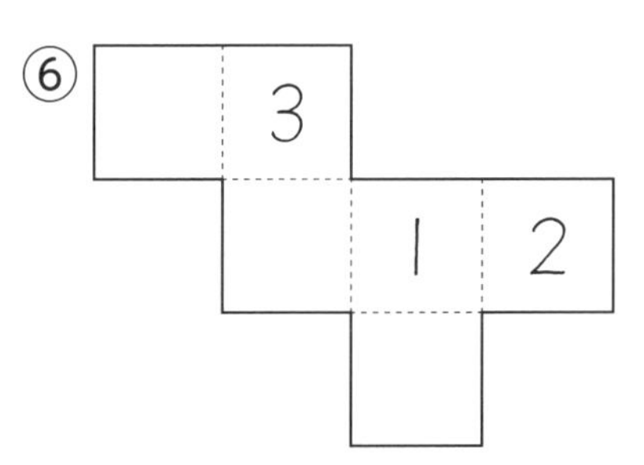

17 特別ゼミ まほうじん

学習日　月　日　名前

色をぬろう　わからない　だいたいできた　できた！

次のようにして、まほうじんを作ります。

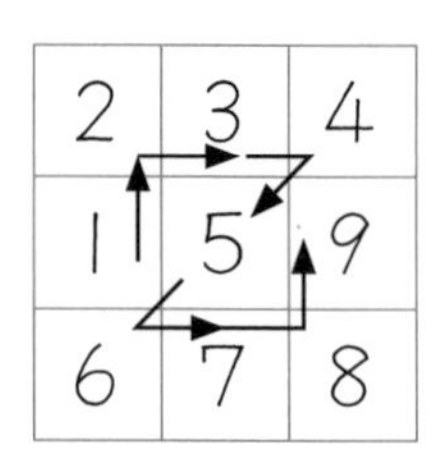

2	3	4
1	5	9
6	7	8

Zのかたちに1～9をかきます。2と8を入れかえます。

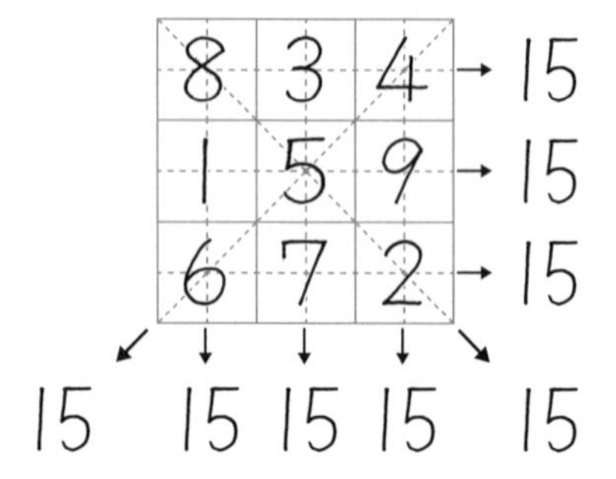

8	3	4	→ 15
1	5	9	→ 15
6	7	2	→ 15

たて、横、ななめに3つずつ数をたして、15になります。

次のような1～16の数を入れたものもまほうじんです。

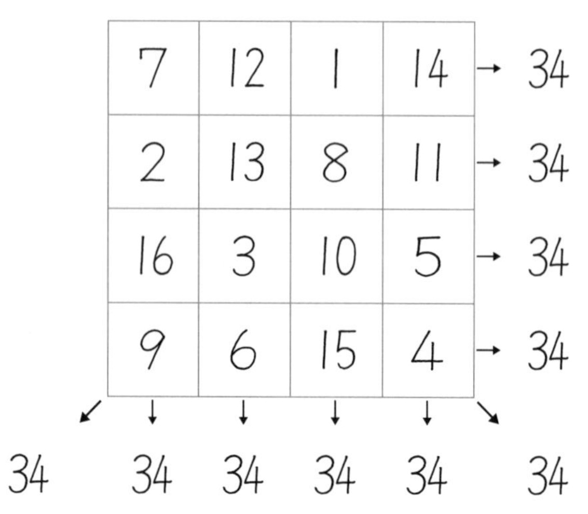

7	12	1	14	→ 34
2	13	8	11	→ 34
16	3	10	5	→ 34
9	6	15	4	→ 34

1 次のまほうじんのあいている□に数をかきましょう。

① たすと15

2		4
	1	

② たすと12

5		
	8	3

2 次のまほうじんのあいている□に数をかきましょう。

① たすと34

16	2		13
5			
	7	6	
		15	1

② たすと30

		13	3
	5	6	
7		10	
12			15

17 特別(とくべつ)ゼミ 長方形はいくつ

学習日　月　日　名前

色をぬろう

わからない　だいたいできた　できた！

1 それぞれのマス目は長方形です。

長方形は何こありますか。

① □ は、

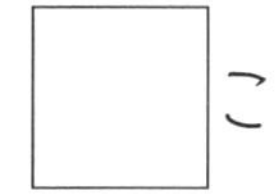

□こ

② □□ は、

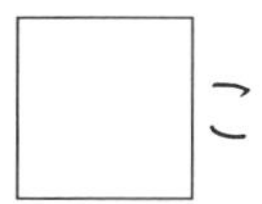

□こ

③ □□□ は、

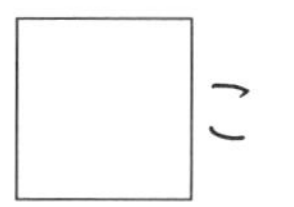

□こ

④ □□□□ は、

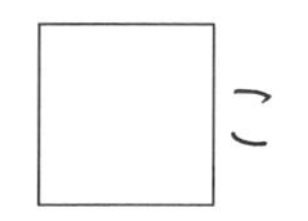

□こ

⑤ □□□□□ は、

□こ

①＋②＋③＋④＋⑤から

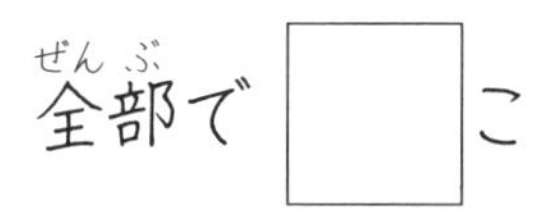

全部(ぜんぶ)で □こ

2 長方形は何こありますか。

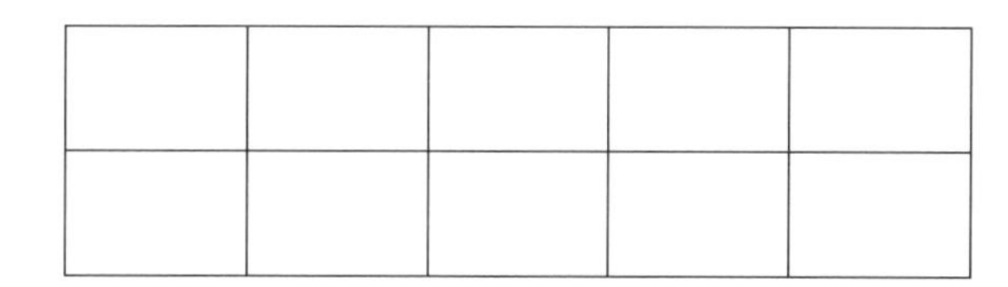

1のように横に見て数えると、**1**の２倍です。
たてに見ると

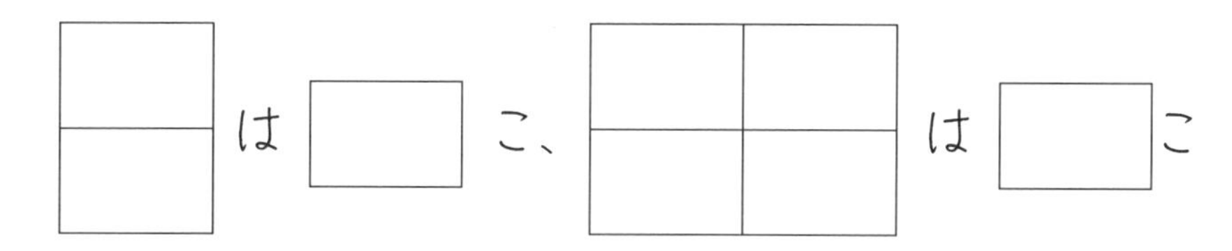

□ は □こ、□ は □こ

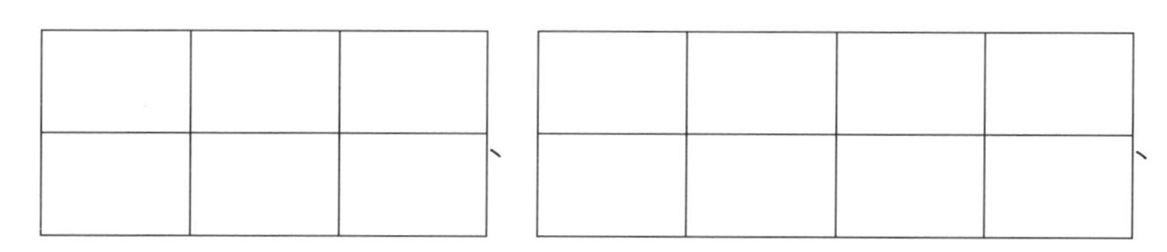

□、□、

□ は、それぞれ

□、□、□こ。横に見たときとあわせて、全部で □こ。

17 特別（とくべつ）ゼミ 間の数

学習日　月　日
名前
色をぬろう　わからない　だいたいできた　できた！

1 くいが、まっすぐに13本、3mおきに立っています。

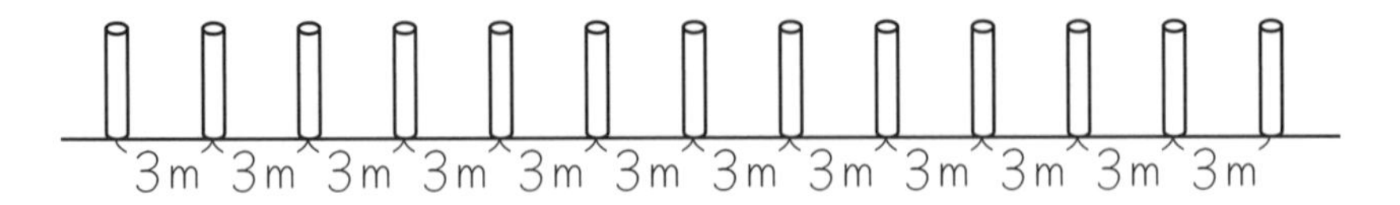

① くいとくいの間の数を数えます。
間の数は、くいの数より1つ少なくて
□です。

② 1のくいから10のくいまでは何mですか。

式（しき）

答え ＿＿＿＿

③ 1のくいから13のくいまでは何mですか。

式

答え ＿＿＿＿

2 道にそって15mおきに木が植（う）えてあります。
1本目から10本目までは何mありますか。

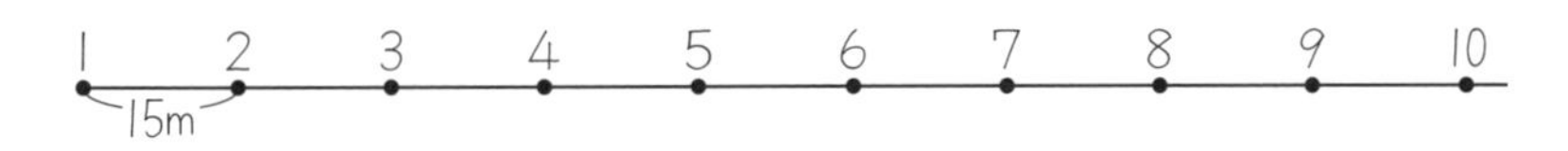

式

答え ＿＿＿＿

3 長さ12cmのテープ6本を、1cmずつ重（かさ）ねてはって、1本のテープにします。

① テープを重ねてはったのは、何か所ですか。

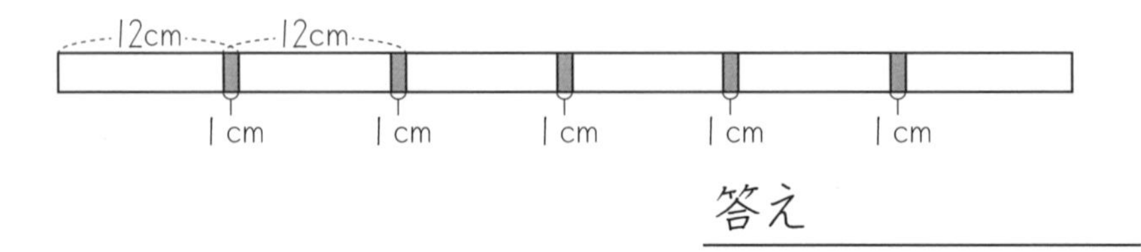

答え ＿＿＿＿

② はったところは、全部で何cmですか。

式

答え ＿＿＿＿

③ はって1本にしたテープの長さは何cmですか。

式

答え ＿＿＿＿

4 長さ100mの道の両がわに、まつりのちょうちんを立てます。ちょうちんとちょうちんの間は10mです。
はしからはしまで、ちょうちんを立てると、その数は全部で何こになりますか。

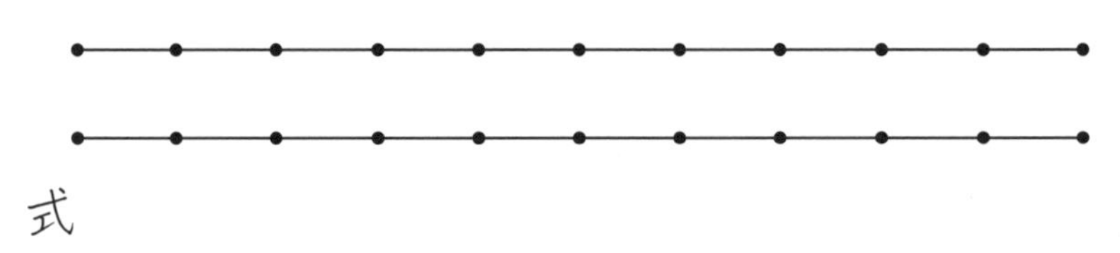

式

答え ＿＿＿＿

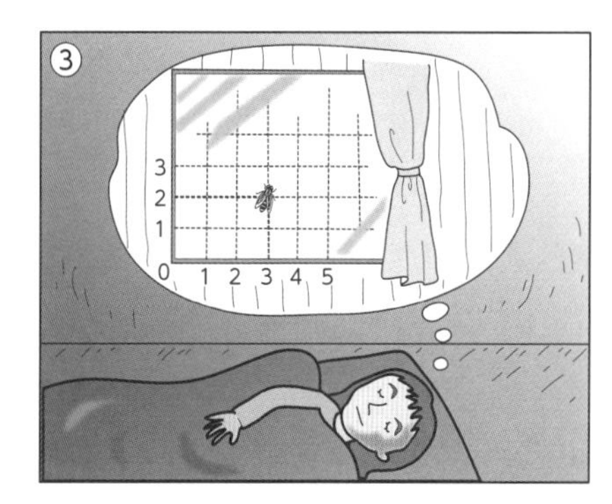

デカルト
（1596年～1650年）
フランス

デカルトは、フランスの貴族の家に生まれました。小さいころは体が弱く、父親は心配して、わざと就学をおくらせましたが、８才のとき、学校に入りました。

この学校の校長先生は、人なつこいデカルトが気に入り、デカルトの身体のことも考えて、「朝は、すきなだけベッドで横になっていていいよ。」という許可をあたえました。

朝の静かな時間に、じっと考えを深めることが、のちの数学や哲学の基礎をきずきました。

貴族の生活がいやで、軍人になりました。軍人になっても、ひまな時間には数学や哲学のことを考えていました。

1 かけ算のきまり ①

学習日　月　日　名前

1 九九の表をかんせいさせましょう。

かける数

かけられる数

×	1	2	3	4	5	6	7	8	9
1	1	2	3	4	5	6	7	8	9
2	2	4	6	8	10	12	14	16	18
3	3	6	9	12	15	18	21	24	27
4	4	8	12	16	20	24	28	32	36
5	5	10	15	20	25	30	35	40	45
6	6	12	18	24	30	36	42	48	54
7	7	14	21	28	35	42	49	56	63
8	8	16	24	32	40	48	56	64	72
9	9	18	27	36	45	54	63	72	81

2 九九の表から□に同じ答えになる式を入れましょう。

① 4×5＝ 5×4

② 3×9＝ 9×3

③ 7×5＝ 5×7

④ 6×8＝ 8×6

3 九九の表を見て、答えが24になる式をかきましょう。

（ 4×6 ）（ 6×4 ）
（ 3×8 ）（ 8×3 ）

かけ算では、かけられる数とかける数を入れかえても、答えは同じです。

1 かけ算のきまり ②

学習日　月　日　名前

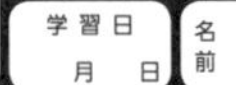

1 次の□に数をかきましょう。

	かける数								
かけられる数	1	2	3	4	5	6	7	8	9
6	6	12	18	24	30	36	42	48	54

① 6×2＝6× 1 ＋6

② 6×3＝6× 2 ＋6

③ 6×8＝6× 9 －6

④ 6×7＝6× 8 －6

⑤ 6×4＝6×3＋ 6

⑥ 6×4＝6×5－ 6

2 □にあてはまる数をかきましょう。

① 3×6 は、3×5 より 3 だけ大きい。

② 3×8 は、3×9 より 3 だけ小さい。

③ 7×5 は、7×4 より 7 だけ大きい。

④ 7×7 は、7×8 より 7 だけ小さい。

⑤ 5×4 は、5× 3 より5だけ大きい。

⑥ 5×5 は、5× 6 より5だけ小さい。

かける数が1ふえると、答えはかけられる数だけ大きくなります。
また、かける数が1へると、答えはかけられる数だけ小さくなります。

1 かけ算のきまり ③

学習日　月　日　名前

色をぬろう　わからない　だいたいできた　できた!

1 おはじきゲームをしました。

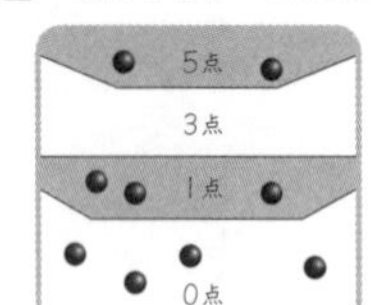

① おはじきが入った数を表にかきましょう。

5点	3点	1点	0点
2	0	3	4

② とく点を調べましょう。

点数 × 入った数 ＝ とく点

㋐ 5 × 2 ＝ 10

㋑ 1 × 3 ＝ 3

③ 3点は、おはじきがないので0点です。

点数　入った数　とく点

3× 0 ＝ 0

④ 0点は、おはじきが入っても0点です。

点数　入った数　とく点

0 × 4 ＝ 0

2 次の計算をしましょう。

① 1×0＝ 0　② 2×0＝ 0

③ 4×0＝ 0　④ 7×0＝ 0

⑤ 8×0＝ 0　⑥ 9×0＝ 0

どんな数に0をかけても、答えは0になります。

3 次の計算をしましょう。

① 0×1＝ 0　② 0×2＝ 0

③ 0×5＝ 0　④ 0×6＝ 0

⑤ 0×9＝ 0　⑥ 0×0＝ 0

0にどんな数をかけても、答えは0になります。

2 時こくと時間 ①

学習日　月　日　名前

色をぬろう　わからない　だいたいできた　できた!

1 午前8時10分から午前8時40分までの間は、何分間ですか。

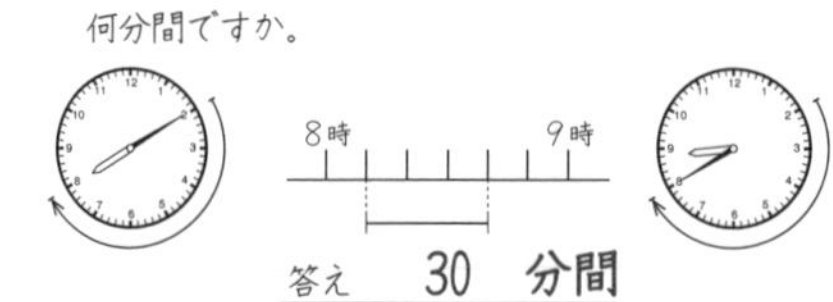

答え 30 分間

2 午前7時15分から午前7時50分までの間は、何分間ですか。

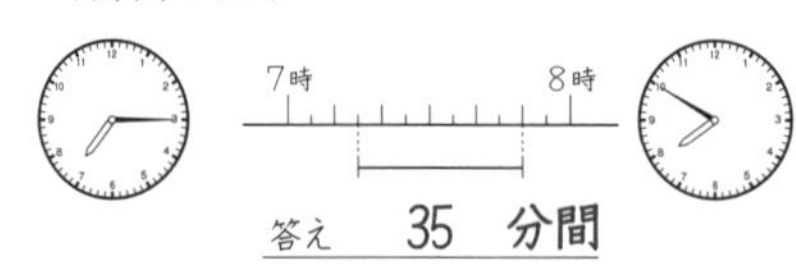

答え 35 分間

3 午後3時35分から午後4時15分までの間は、何分間ですか。

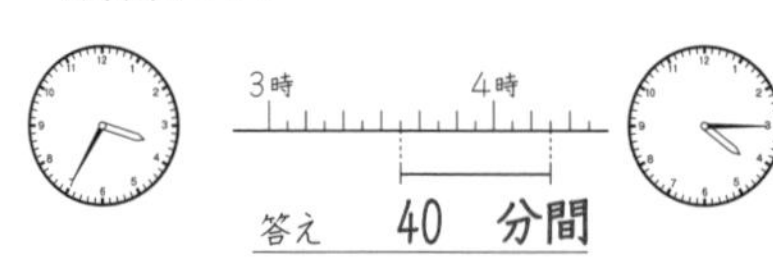

答え 40 分間

4 次のア、イの時こくをかき、その間の時間ウをもとめましょう。

① 5月3日の午前です。

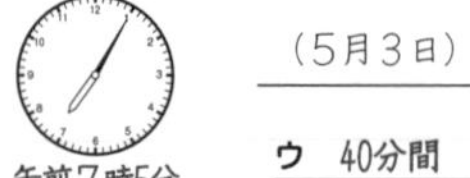

（5月3日）→

ア 午前7時5分　ウ 40分間　イ 午前7時45分

② 5月5日の午後です。

（5月5日）→

ア 午後4時33分　ウ 1時間41分　イ 午後6時14分

5 兄は、午前9時20分に家を出て野球の練習に行きました。そして、午後3時40分に家に帰ってきました。その間の時間は何時間何分ですか。

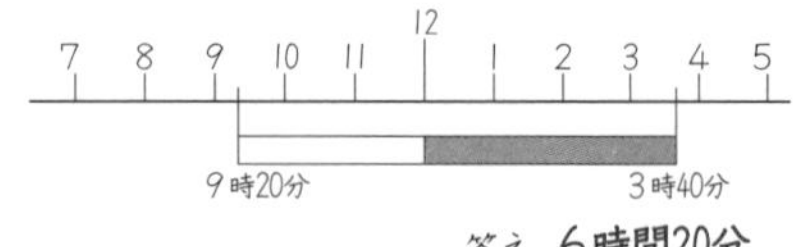

答え 6時間20分

2 時こくと時間 ②

学習日　月　日　名前

1日を0時から24時で表すことができます。

これを **24時間せい** といいます。
24時間せいでは、午後1時は、13時になります。

1 次の時こくを24時間せいで表しましょう。

① 午後3時・・・・・・・・ 15 時
② 午後5時・・・・・・・・ 17 時
③ 午後7時・・・・・・・・ 19 時

2 次の時こくを24時間せいで表しましょう。

① 午後6時・・・・・・・・ 18 時
② 午後9時・・・・・・・・ 21 時
③ 午後11時・・・・・・・・ 23 時

3 次の時こくは、午後何時ですか。

① 16時・・・・・・・・午後 4 時
② 20時・・・・・・・・午後 8 時
③ 22時・・・・・・・・午後 10 時

2 時こくと時間 ③

学習日　月　日　名前

色をぬろう　わからない　だいたいできた　できた!

1分より短い時間のたんいに **秒** があります。
1分=60秒

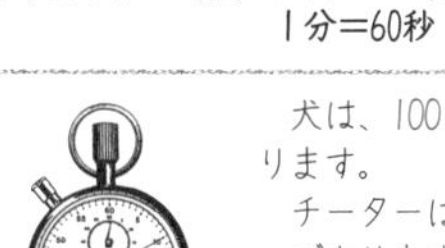

犬は、100mを6秒くらいで走ります。
チーターは、100mを3秒くらいで走ります。
イルカは、50mを2秒くらいで泳ぎます。

1 しゅんさんは運動場のトラックを1しゅうを80秒で走りました。あきさんは1分10秒で走りました。どちらが何秒速く走りましたか。

あき さんが 10 秒速く走った

2 次の時間を秒にしましょう。

① 1分20秒
↓　↘
60秒+20秒　　答え 80秒

② 2分20秒
↓　↘
120秒+20秒　　答え 140秒

3 次の時間を分と秒になおしましょう。

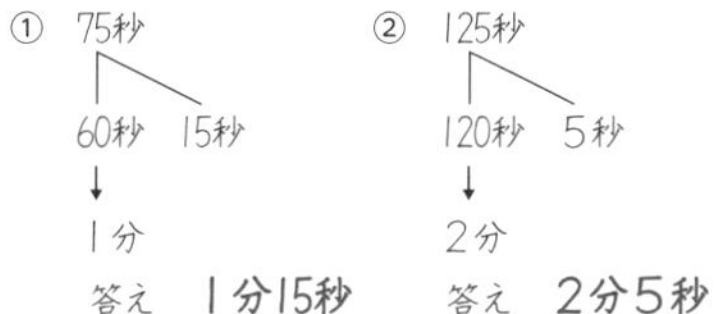

① 75秒
60秒　15秒
↓
1分
答え 1分15秒

② 125秒
120秒　5秒
↓
2分
答え 2分5秒

4 次の時間を何秒になおしましょう。

① 2分　答え 120秒
② 5分　答え 300秒
③ 3分20秒　答え 200秒
④ 4分10秒　答え 250秒

5 次の時間を何分何秒になおしましょう。

① 90秒　答え 1分30秒
② 130秒　答え 2分10秒
③ 150秒　答え 2分30秒
④ 205秒　答え 3分25秒

2 時こくと時間 ④ まとめ

学習日　月　日　名前

1 □に数をかきましょう。(1つ5点)

① 1分= 60 秒
② 1時間= 60 分
③ 午前は 12 時間
④ 午後は 12 時間
⑤ 1日= 24 時間
⑥ 昼の 12 時は正午

2 □にあてはまる数をかきましょう。(1つ5点)

① 1分30秒= 90 秒
② 190秒= 3 分 10 秒
③ 2時間40分= 160 分
④ 午後8時= 20 時(24時間せい)

3 □に時間のたんいをかきましょう。(1つ5点)

① 50m走るのにかかった時間……9 秒
② 学校の昼休みの時間……………20 分
③ 学校へ行っている時間…………7 時間

4 あの時こくからいの時こくまでの時間をもとめましょう。(1つ5点)

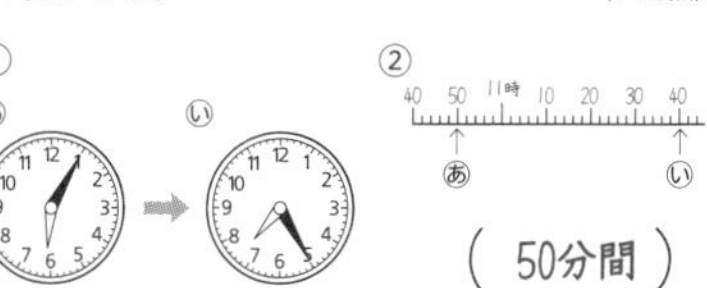

① (1時間20分)
② (50分間)

5 次の計算をしましょう。(1つ5点)

① 7秒+3秒= 10 秒
② 50秒+20秒= 70 秒
= 1 分 10 秒
③ 15分+25分= 40 分
④ 30分+40分= 70 分
= 1 時間 10 分
⑤ 6時間+8時間= 14 時間

3 わり算 ①

学習日　月　日　名前

色をぬろう　わからない　だいたいできた　できた!

1 ケーキが12こあります。

① 2つの箱に同じ数ずつ分けます。
1箱何こになりますか。

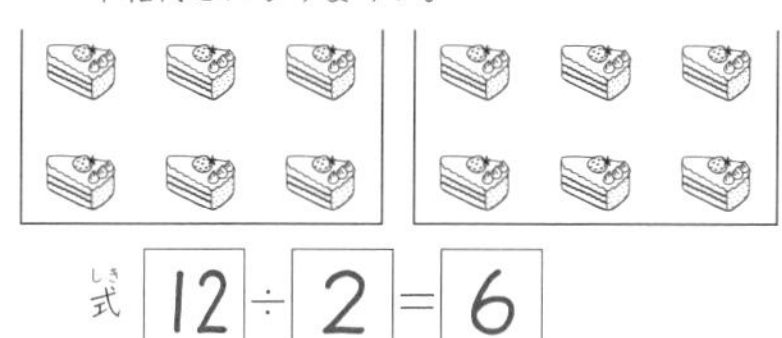

式 12 ÷ 2 = 6
答え 6こ

② 3つの箱に同じ数ずつ分けます。
1箱分は何こになりますか。

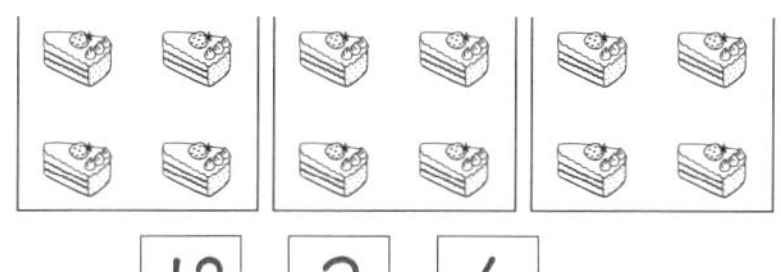

式 12 ÷ 3 = 4
答え 4こ

③ 4つの箱に同じ数ずつ分けます。
1箱分は何こになりますか。

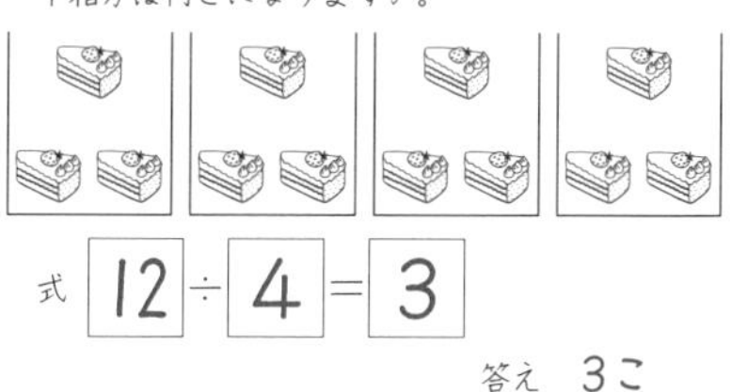

式 12 ÷ 4 = 3
答え 3こ

④ 6つの箱に同じ数ずつ分けます。
1箱分は何こになりますか。

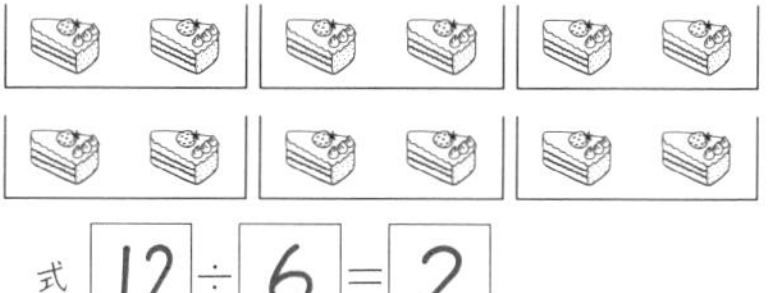

式 12 ÷ 6 = 2
答え 2こ

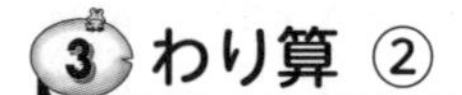

わり算 ②

色をぬろう　わからない　だいたいできた　できた！

1 ケーキが12こあります。

① ケーキを2こずつ箱（はこ）に入れます。何箱いりますか。

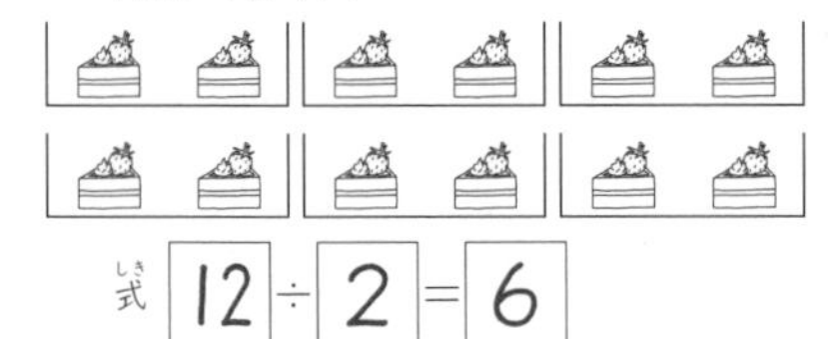

式（しき）　12 ÷ 2 = 6

答え　6箱

② ケーキを3こずつ箱に入れます。何箱いりますか。

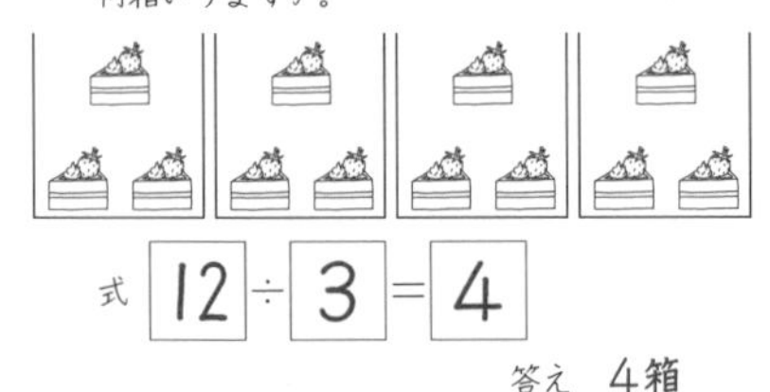

式　12 ÷ 3 = 4

答え　4箱

③ ケーキを4こずつ箱に入れます。何箱いりますか。

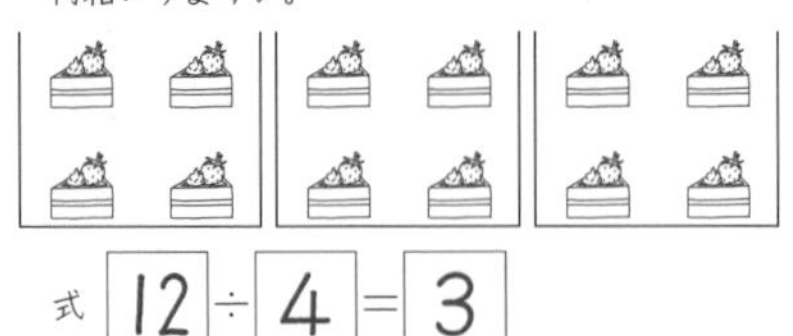

式　12 ÷ 4 = 3

答え　3箱

④ ケーキを6こずつ箱に入れます。何箱いりますか。

式　12 ÷ 6 = 2

答え　2箱

わり算 ③

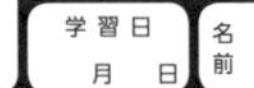

1 20このあめがあります。これを5人で同じ数ずつ分けます。

① 5人で同じ数ずつ分けやすいように、ならべかえた図をかきましょう。

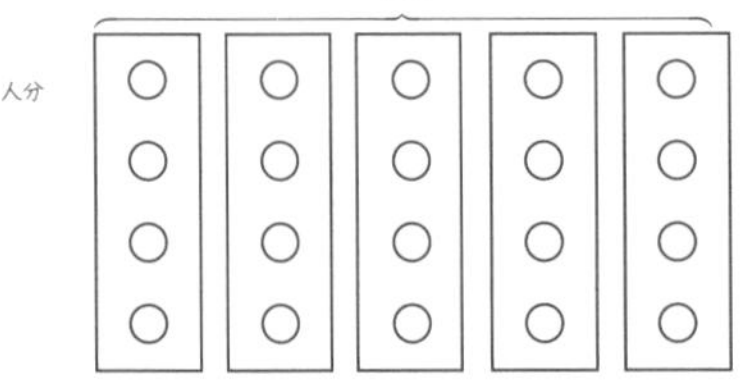

② 1人分は何こになりますか。

答え　4こ

2 18このキャラメルがあります。3こずつ子どもに配（くば）ります。

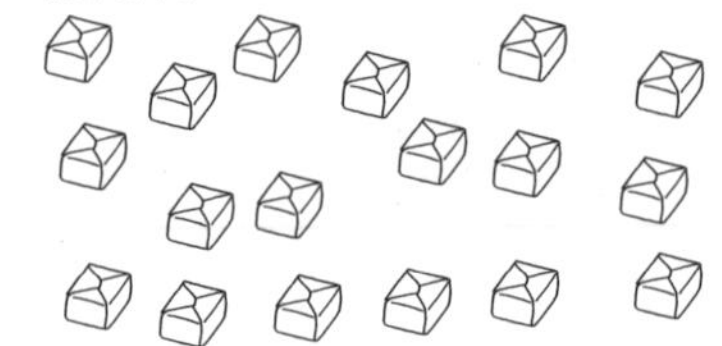

① 3こずつ配りやすいように、ならべかえた図をかきましょう。

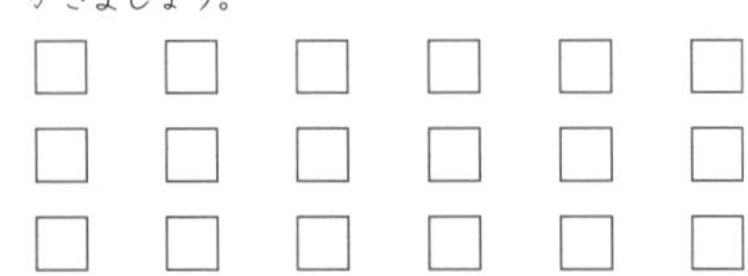

② 何人の子どもに配れますか。

答え　6人

1人分をもとめるときも、何人に分けられるかをもとめるときも、わり算の式になります。

わり算 ④

学習日　月　日　名前

色をぬろう　わからない　だいたいできた　できた！

1 24このクッキーを、6人で同じ数ずつ分けます。1人分は何こですか。

式（しき）　24÷6=4

答え　4こ

2 15まいの画用紙を、5人で同じ数ずつ分けます。1人分は何まいですか。

式　15÷5=3

答え　3まい

3 30この湯飲（ゆの）みを、6つの箱（はこ）に同じ数ずつ入れます。1箱分は何こですか。

式　30÷6=5

答え　5こ

4 次（つぎ）の計算をしましょう。

① 18÷9=2　② 30÷6=5
③ 24÷8=3　④ 9÷3=3
⑤ 49÷7=7　⑥ 45÷5=9
⑦ 72÷9=8　⑧ 20÷4=5
⑨ 18÷3=6　⑩ 8÷2=4
⑪ 30÷5=6　⑫ 27÷3=9
⑬ 45÷9=5　⑭ 28÷7=4
⑮ 14÷7=2　⑯ 48÷8=6
⑰ 28÷4=7　⑱ 20÷5=4

わり算 ⑤

学習日　月　日　名前

色をぬろう　わからない　だいたいできた　できた！

1 24このクッキーを、6こずつふくろに入れます。何ふくろできますか。

式（しき）　24÷6=4

答え　4ふくろ

2 15まいのおり紙を、1人に5まいずつ配（くば）ります。何人に配れますか。

式　15÷5=3

答え　3人

3 30このかんづめを、6こずつ箱（はこ）に入れます。何箱できますか。

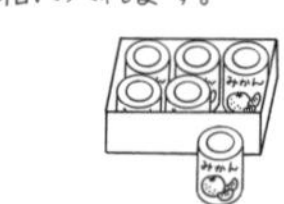

式　30÷6=5

答え　5箱

4 次（つぎ）の計算をしましょう。

① 35÷7=5　② 16÷2=8
③ 24÷4=6　④ 56÷8=7
⑤ 27÷9=3　⑥ 32÷4=8
⑦ 35÷5=7　⑧ 27÷3=9
⑨ 10÷2=5　⑩ 54÷6=9
⑪ 36÷6=6　⑫ 25÷5=5
⑬ 16÷8=2　⑭ 56÷7=8
⑮ 12÷6=2　⑯ 32÷8=4
⑰ 12÷3=4　⑱ 54÷9=6

3 わり算 ⑥

学習日　月　日　名前

1 64cmのテープを、同じ長さで8つに切ります。1つの長さは、何cmになりますか。

式　64÷8＝8

答え　8cm

2 40本のきくの花を、5本ずつたばねます。きくのたばは、何たばになりますか。

式　40÷5＝8

答え　8たば

3 32人を、同じ人数の4つのグループに分けます。1グループは、何人になりますか。

式　32÷4＝8

答え　8人

4 次の計算をしましょう。

① 36÷9＝4　② 16÷8＝2
③ 15÷5＝3　④ 36÷4＝9
⑤ 64÷8＝8　⑥ 40÷5＝8
⑦ 21÷3＝7　⑧ 6÷2＝3
⑨ 42÷7＝6　⑩ 18÷6＝3
⑪ 63÷9＝7　⑫ 12÷2＝6
⑬ 24÷6＝4　⑭ 15÷3＝5
⑮ 63÷7＝9　⑯ 81÷9＝9
⑰ 72÷8＝9　⑱ 16÷4＝4

4 たし算とひき算 ①

学習日　月　日　名前

1 姉さんは、213円のサラダと132円の食パンを買いました。あわせて何円ですか。

式　213 ＋ 132

百のくらい　十のくらい　一のくらい

3　4　5

一のくらいからじゅんに計算します。
一のくらいは　3＋2＝5
十のくらいは　1＋3＝4
百のくらいは　2＋1＝3

213 ＋ 132 ＝ 345

答え　345円

2 次の計算をしましょう。

① 146 ＋ 423 ＝ 569
② 245 ＋ 751 ＝ 996
③ 643 ＋ 231 ＝ 874
④ 247 ＋ 451 ＝ 698
⑤ 305 ＋ 521 ＝ 826
⑥ 234 ＋ 340 ＝ 574

4 たし算とひき算 ②

学習日　月　日　名前

1 兄さんは、236円のボールペンと126円のけしゴムを買いました。あわせて何円ですか。

式　236 ＋ 126

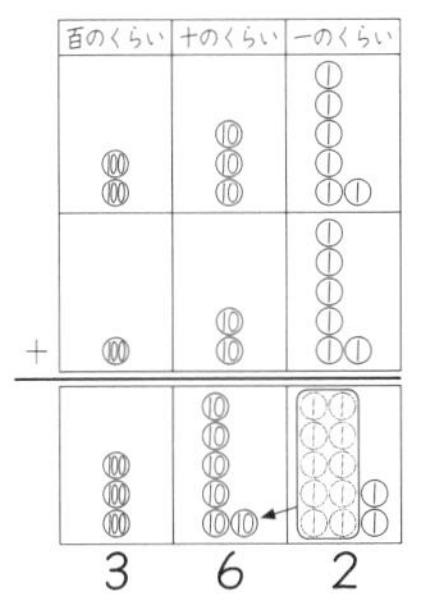

一のくらいは　6＋6＝12（くり上がる）
十のくらいは　3＋2＋1＝6
百のくらいは　2＋1＝3

236 ＋ 126 ＝ 362　くり上がった！

答え　362円

2 次の計算をしましょう。

① 235 ＋ 548 ＝ 783
② 446 ＋ 227 ＝ 673
③ 247 ＋ 328 ＝ 575
④ 431 ＋ 294 ＝ 725
⑤ 471 ＋ 346 ＝ 817
⑥ 582 ＋ 126 ＝ 708

4 たし算とひき算 ③

学習日　月　日　名前

1 春野さんは、367円のはさみと378円のホッチキスを買いました。あわせて何円ですか。

式　367 ＋ 378

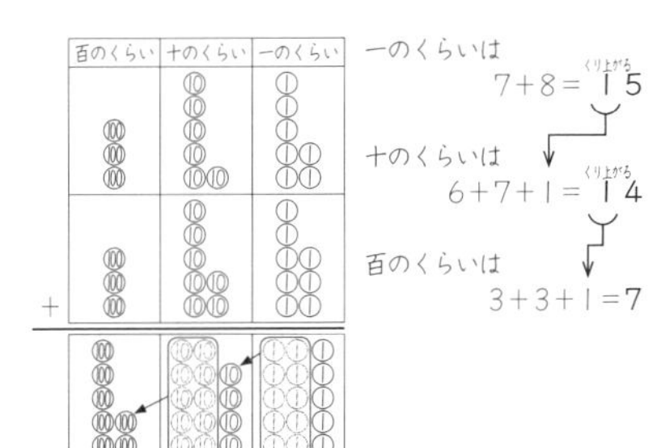

一のくらいは　7＋8＝15（くり上がる）
十のくらいは　6＋7＋1＝14（くり上がる）
百のくらいは　3＋3＋1＝7

367 ＋ 378 ＝ 745

答え　745円

2 次の計算をしましょう。

① 452 ＋ 469 ＝ 921
② 274 ＋ 578 ＝ 852
③ 376 ＋ 296 ＝ 672
④ 348 ＋ 597 ＝ 945
⑤ 625 ＋ 198 ＝ 823
⑥ 497 ＋ 376 ＝ 873

4 たし算とひき算 ④

学習日　月　日　名前

色をぬろう　わからない　だいたいできた　できた!

1 秋山さんは、278円のピーナッツと425円のせんべいを買いました。あわせて何円ですか。

式 278 ＋ 425

百のくらい	十のくらい	一のくらい
7	0	3

一のくらいは
8＋5＝13（くり上がる）

十のくらいは
7＋2＋1＝10（くり上がる）

百のくらいは
2＋4＋1＝7

	2	7	8
＋	4	2	5
	7	0	3

答え　703円

2 次の計算をしましょう。

①

	3	6	9
＋	2	3	5
	6	0	4

②

	2	5	8
＋	5	4	7
	8	0	5

③

	6	2	5
＋	1	7	8
	8	0	3

④

	4	9	5
＋	3	0	8
	8	0	3

⑤

	2	4	6
＋	3	5	4
	6	0	0

⑥

	5	2	8
＋	2	7	2
	8	0	0

4 たし算とひき算 ⑤

学習日　月　日　名前

色をぬろう　わからない　だいたいできた　できた!

1 次の計算をしましょう。

①

	2	4	3
＋	5	1	6
	7	5	9

②

	3	2	1
＋	4	5	8
	7	7	9

③

	4	3	9
＋	1	2	5
	5	6	4

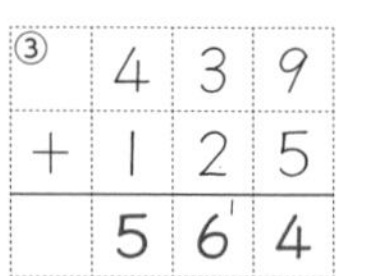

④

	3	0	6
＋	2	1	8
	5	2	4

⑤

	2	8	3
＋	5	4	9
	8	3	2

⑥

	3	4	8
＋	2	5	9
	6	0	7

2 次の計算をしましょう。

①

	6	4	2
＋	1	3	5
	7	7	7

②

	2	6	3
＋	6	7	6
	9	3	9

③

	3	9	8
＋	4	9	8
	8	9	6

④

	5	3	1
＋	4	6	8
	9	9	9

⑤

	5	6	4
＋	3	5	9
	9	2	3

⑥

	3	1	6
＋	1	8	5
	5	0	1

4 たし算とひき算 ⑥

学習日　月　日　名前

色をぬろう　わからない　だいたいできた　できた!

1 山口さんは、575円持っています。253円でおり紙を買いました。のこりは何円ですか。

式 575 － 253

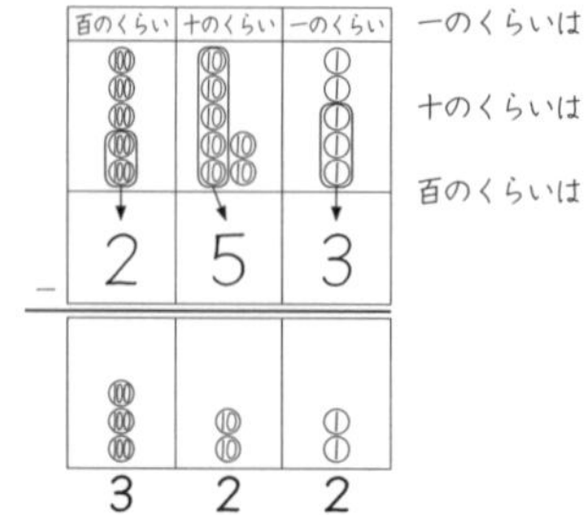

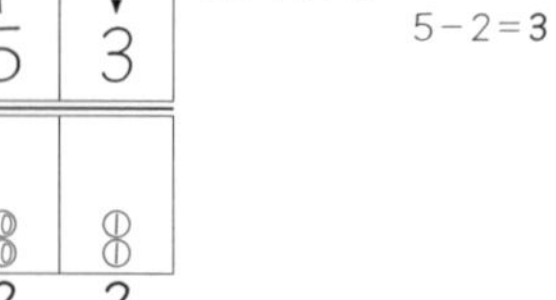

	5	7	5
－	2	5	3
	3	2	2

答え　322円

2 次の計算をしましょう。

①

	5	6	7
－	4	2	3
	1	4	4

②

	9	9	6
－	7	5	1
	2	4	5

③

	6	9	8
－	2	4	7
	4	5	1

④

	9	5	6
－	3	0	4
	6	5	2

⑤

	7	9	2
－	6	3	0
	1	6	2

⑥

	4	0	9
－	2	0	3
	2	0	6

4 たし算とひき算 ⑦

学習日　月　日　名前

色をぬろう　わからない　だいたいできた　できた!

1 谷口さんは、532円持っています。314円で色えんぴつを買いました。のこりは何円ですか。

式 532 － 314

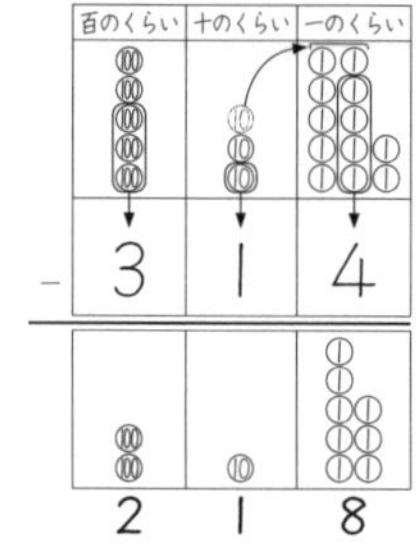

一のくらいの計算は、2から4はひけません。十のくらいから1くり下げて
12－4＝8

十のくらいの3は2へ
2－1＝1

百のくらいは
5－3＝2

	5	3（2）	2
－	3	1	4
	2	1	8

答え　218円

2 次の計算をしましょう。

①

	7	8	3
－	5	4	8
	2	3	5

②

	6	7	3
－	2	2	7
	4	4	6

③

	9	1	7
－	4	4	6
	4	7	1

④

	4	2	8
－	1	8	3
	2	4	5

⑤

	6	0	8
－	2	6	5
	3	4	3

⑥

	8	0	7
－	4	5	2
	3	5	5

4 たし算とひき算 ⑧

学習日 月 日　名前

色をぬろう　わからない　だいたいできた　できた!

1 北口さんは、532円持っています。258円で、スティックのりを買いました。のこりは何円ですか。

式 532 − 258

百のくらい	十のくらい	一のくらい
2	5	8
2	7	4

一のくらいの計算は、2から8はひけません。十のくらいから1くり下げて
12−8=4

十のくらいの3は2へ
2から5はひけません。
百のくらいから1くり下げて
12−5=7

百のくらいの5は4へ
4−2=2

532 − 258 = 274

答え　274円

2 次の計算をしましょう。

① 921 − 469 = 452
② 852 − 578 = 274
③ 652 − 296 = 356
④ 433 − 167 = 266
⑤ 663 − 267 = 396
⑥ 890 − 395 = 495

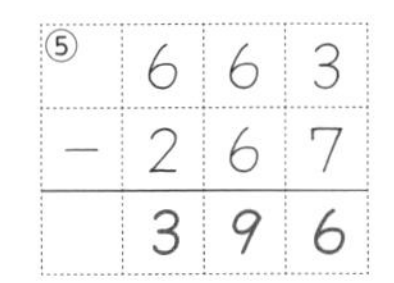

4 たし算とひき算 ⑨

学習日 月 日　名前

色をぬろう　わからない　だいたいできた　できた!

1 野口さんは、602円持っています。356円でコンパスを買いました。のこりは何円ですか。

式 602 − 356

百のくらい	十のくらい	一のくらい
3	5	6
2	4	6

一のくらいの計算は、2から6はひけません。百のくらいから、十のくらい、一のくらいへくり下げます。
一のくらいは
12−6=6

十のくらいの0は9へ
9−5=4

百のくらいの6は5へ
5−3=2

602 − 356 = 246

答え　246円

2 次の計算をしましょう。

① 805 − 547 = 258
② 604 − 235 = 369
③ 703 − 417 = 286
④ 502 − 128 = 374
⑤ 700 − 365 = 335
⑥ 600 − 272 = 328

4 たし算とひき算 ⑩

学習日 月 日　名前

色をぬろう　わからない　だいたいできた　できた!

1 次の計算をしましょう。

① 384 − 162 = 222
② 629 − 447 = 182
③ 793 − 216 = 577
④ 968 − 779 = 189
⑤ 843 − 267 = 576
⑥ 501 − 142 = 359

2 次の計算をしましょう。

① 596 − 420 = 176
② 624 − 367 = 257
③ 718 − 529 = 189
④ 835 − 578 = 257
⑤ 402 − 265 = 137
⑥ 907 − 578 = 329

4 たし算とひき算 ⑪

学習日 月 日　名前

色をぬろう　わからない　だいたいできた　できた!

1 次の計算をしましょう。

① 6413 + 2572 = 8985
② 4238 + 4540 = 8778
③ 4532 + 5159 = 9691
④ 7267 + 1324 = 8591
⑤ 4614 + 2582 = 7196
⑥ 5732 + 1530 = 7262
⑦ 4296 + 4638 = 8934
⑧ 7682 + 1876 = 9558

2 次の計算をしましょう。

① 8985 − 6413 = 2572
② 8778 − 4540 = 4238
③ 9782 − 5154 = 4628
④ 8658 − 7219 = 1439
⑤ 5836 − 2374 = 3462
⑥ 6943 − 4382 = 2561
⑦ 9752 − 2067 = 7685
⑧ 8516 − 4762 = 3754

4 たし算とひき算 ⑫ まとめ

学習日　月　日　名前　　ごうかく 80〜100点

1 次の計算をしましょう。（1つ5点）

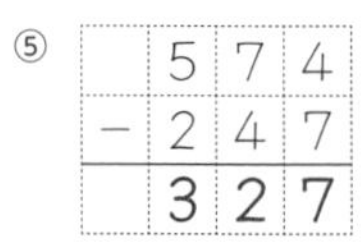

①				②			
	5	2	8		7	4	9
+	1	3	7	+	2	3	6
	6	6	5		9	8	5

③				④			
	6	8	2		3	7	6
+	2	6	3	+	5	5	2
	9	4	5		9	2	8

⑤				⑥			
	5	7	4		7	8	6
−	2	4	7	−	4	2	8
	3	2	7		3	5	8

⑦				⑧			
	9	3	5		4	2	9
−	5	7	3	−	1	6	5
	3	6	2		2	6	4

2 おかあさんは395円のサンドイッチと258円の牛にゅうを買いました。あわせて何円ですか。（式10点、答え10点）

式　395+258=653

答え　653円

3 たけしさんは415円のおべんとうと、98円のおもちゃを買いました。あわせて何円ですか。（式10点、答え10点）

式　415+98=513

答え　513円

4 つよしさんは、820円持っていました。パンとジュースを買って268円はらいました。のこりは何円ですか。（式10点、答え10点）

式　820−268=552

答え　552円

5 長い長さ ①

学習日　月　日　名前

色をぬろう　わからない　だいたいできた　できた！

1 下のまきじゃくを見て、問題に答えましょう。

① 1めもりの長さは、どれだけですか。

（ 1cm ）

② 下の↓のところの長さをかきましょう。

㋐（ 2m ）㋑（ 2m50cm ）㋒（ 2m90cm ）

③ 下の↓のところの長さをかきましょう。

㋐（ 3m60cm ）㋑（ 4m ）㋒（ 4m45cm ）

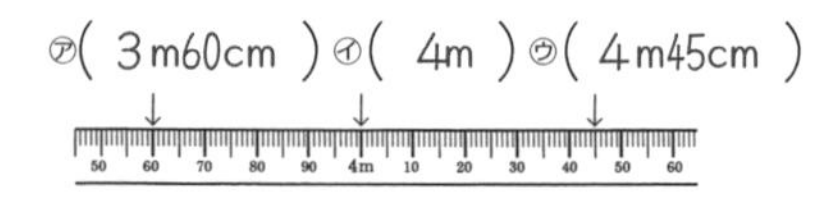

④ 次の長さのところにしるし（↓）をつけましょう。

㋐ 5m 20cm　　㋑ 6m 5cm

2 柱を1まわりさせると、まきじゃくが図のようになりました。柱のまわりの長さはどれだけですか。

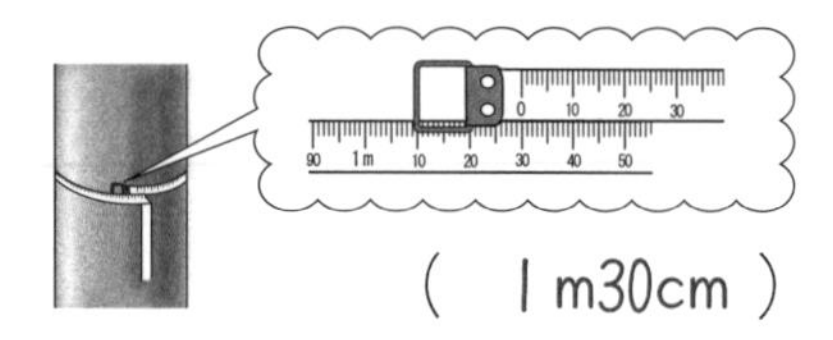

（ 1m30cm ）

3 次の長さをはかるとき、まきじゃくを使うとべんりなのはどれですか。

㋐ えんぴつの長さ
㋑ バケツのまわりの長さ
㋒ 教科書のあつさ
㋓ ろう下の長さ
㋔ ノートのたての長さ

（ ㋑㋓ ）

5 長い長さ ②

学習日　月　日　名前

色をぬろう　わからない　だいたいできた　できた！

道にそってはかった長さを **道のり** といいます。
まっすぐはかった長さを **きょり** といいます。

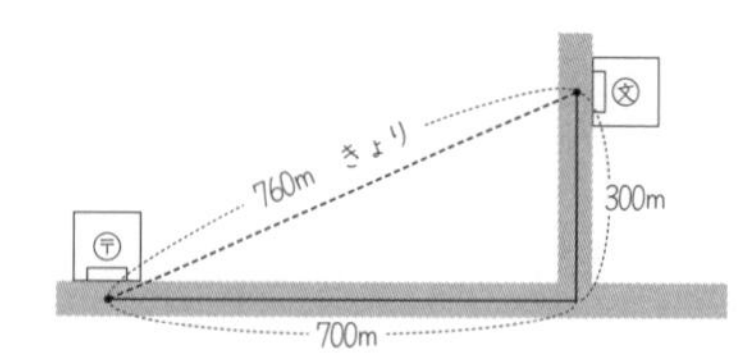

道のりやきょりを表すたんいに、**km（キロメートル）**があります。1km=1000m です。

上の図で、ゆうびん局から学校までの道のりは 700+300=1000（m）です。

1000m=1km です。

また、ゆうびん局から学校までのきょりは760mです。

1 kmのかき方を練習しましょう。

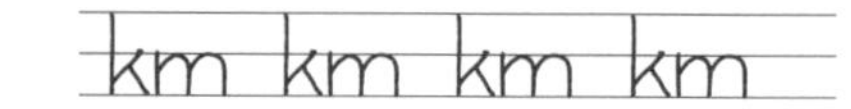

2 次の□にあてはまる数をかきましょう。

① 1km＝ 1000 m

② 3km＝ 3000 m

③ 5000m＝ 5 km

④ 7000m＝ 7 km

3 次の計算をしましょう。

① 4km+2km＝ 6 km

② 7km+3km＝ 10 km

③ 8km−2km＝ 6 km

④ 10km−6km＝ 4 km

⑤ 13km−7km＝ 6 km

5 長い長さ ③

学習日　月　日　名前

色をぬろう　わからない　だいたいできた　できた！

1 原口さんの家から図書館へ行く道は、図のように4とおりあります。
（ア）〜（エ）の道のりは何km何mですか。

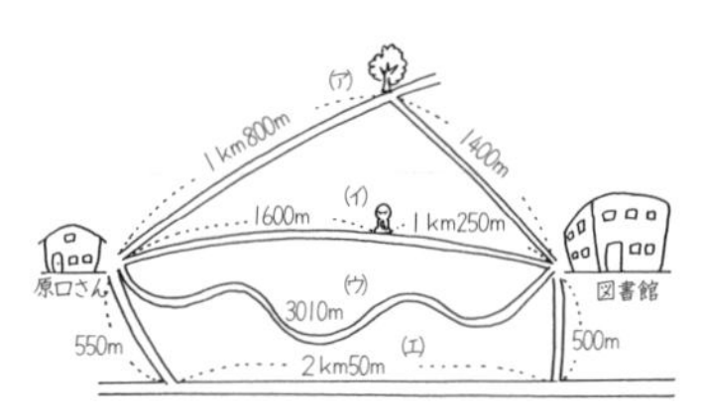

（ア） 1800+1400=3200

答え　3km200m

（イ） 1600+1250=2850

答え　2km850m

（ウ）

答え　3km10m

（エ） 550+2050+500=3100

答え　3km100m

2 山本さんは、図のような道を自転車で走りました。

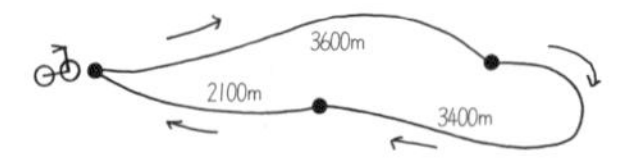

自転車で走った道のりは何mですか。また、それは何km何mですか。

3600+3400+2100=9100

答え　9100m、9km100m

3 図は学校からもみじ山までの道を表しています。

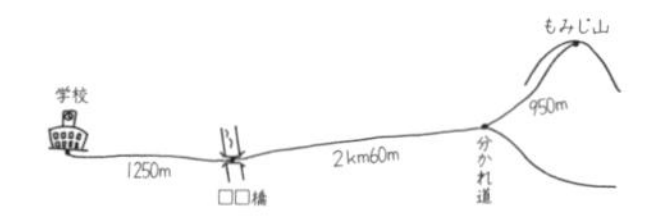

学校からもみじ山までの道のりは何mですか。
また、それは何km何mですか。

1250+2060+950=4260

答え　4260m、4km260m

5 長い長さ ④ まとめ

学習日 月 日 名前

ごうかく 80〜100点

1 次の□にあてはまることばや数をかきましょう。（1つ5点）

① 道にそってはかった長さを［道のり］といいます。

② まっすぐにはかった長さを［きょり］といいます。

③ 2km＝［2000］m

④ 7000m＝［7］km

⑤ 3km＋8km＝［11］km

⑥ 9km＋5km＝［14］km

⑦ 7km－2km＝［5］km

⑧ 15km－6km＝［9］km

2 駅から市役所までは1km500mです。その先にある図書館までは2kmです。市役所から図書館までは何mですか。（20点）

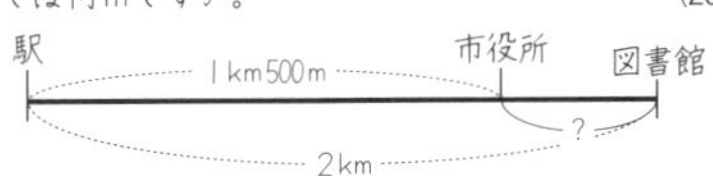

式 2000m－1500m＝500m

答え 500m

3 北口さんは、家を出て薬局の前を通って学校へ行きます。学校の前を進むと本屋があります。
北口さんの家から学校までは1km500mです。薬局は学校の手前400mのところにあります。本屋は学校より200m先にあります。

① 北口さんの家から薬局までは何mですか。（20点）
式 1500m－400m＝1100m

答え 1100m

② 北口さんの家から本屋までは何mですか。（20点）
式 1500m＋200m＝1700m

答え 1700m

6 あまりのあるわり算 ①

学習日 月 日 名前

色をぬろう わからない だいたいできた できた！

1 いちごが13こあります。4人で同じ数ずつ分けると、1人分は何こで、何こあまりますか。

① 式をかきましょう。

［13］÷［4］
全部の数　分ける数

② 1さらに1こずつおいていきます。

1回目

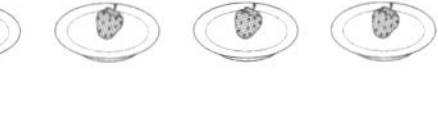

2回目

3回目

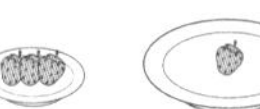

③ 1人に3こずつ分けると、のこりが1こなのでもう4人に同じ数ずつ分けることができません。
［13］÷［4］＝［3］あまり［1］

答え 1人3こで、1こあまる

2 クッキーが14こあります。4まいのさらに同じ数ずつ分けます。1まいのさらに何こで、何こあまりますか。

① 式をかきましょう

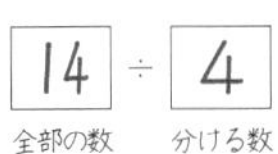

［14］÷［4］
全部の数　分ける数

② 4のだんを使って考えましょう。

分ける数		1さらの数		
4	×	1	＝4	→ 10こあまる
4	×	2	＝8	→ 6こあまる
4	×	3	＝12	→ 2こあまる
4	×	4	＝16	たりない

答え 1さら3こで、2こあまる

6 あまりのあるわり算 ②

学習日 月 日 名前

色をぬろう わからない だいたいできた できた！

1 みかんが14こあります。4こずつふくろに入れます。4こ入ったふくろは何ふくろできて、何こあまりますか。

① 式をかきましょう。

［14］÷［4］
全部の数　1ふくろ分の数

② 4こずつかこみましょう

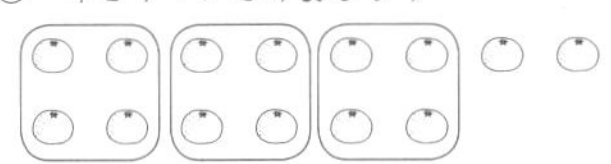

③ みかんは何ふくろできて何こあまりますか。

［14］÷［4］＝［3］あまり［2］

答え 3ふくろできて、2こあまる

14÷4 のように、あまりのあるときは「**わり切れない**」といいます。あまりがないときは「**わり切れる**」といいます。

2 いちごが16こあります。5こずつ分けると何人に配れて、何こあまりますか。

① 式をかきましょう。

［16］÷［5］
全部の数　分ける数

② 5のだんを使って考えましょう。

分ける数		人数		
5	×	1	＝5	→ 11こあまる
5	×	2	＝10	→ 6こあまる
5	×	3	＝15	→ 1こあまる
5	×	4	＝20	たりない

答え 3人に配れて、1こあまる

わり算の答えを見つけるときは、かけ算を使います。

6 あまりのあるわり算 ③

学習日 月 日 名前

色をぬろう

わからない だいたいできた できた！

1 次の計算をしましょう。

① 56÷9＝［6］あまり［2］

② 7÷2＝［3］あまり［1］

③ 56÷6＝［9］あまり［2］

④ 19÷3＝［6］あまり［1］

⑤ 68÷9＝［7］あまり［5］

⑥ 16÷3＝［5］あまり［1］

⑦ 15÷6＝［2］あまり［3］

⑧ 67÷9＝［7］あまり［4］

⑨ 14÷5＝［2］あまり［4］

2 次の計算をしましょう。

① 17÷5＝［3］あまり［2］

② 9÷4＝［2］あまり［1］

③ 67÷7＝［9］あまり［4］

④ 14÷4＝［3］あまり［2］

⑤ 76÷8＝［9］あまり［4］

⑥ 64÷9＝［7］あまり［1］

⑦ 77÷8＝［9］あまり［5］

⑧ 37÷4＝［9］あまり［1］

⑨ 49÷9＝［5］あまり［4］

6 あまりのあるわり算 ④

学習日 月 日 名前

色をぬろう　わからない　だいたいできた　できた！

1 次(つぎ)の計算をしましょう。

① 41÷8＝5 あまり 1
② 3÷2＝1 あまり 1
③ 69÷9＝7 あまり 6
④ 39÷6＝6 あまり 3
⑤ 83÷9＝9 あまり 2
⑥ 19÷2＝9 あまり 1
⑦ 25÷3＝8 あまり 1
⑧ 17÷4＝4 あまり 1
⑨ 64÷7＝9 あまり 1

2 次の計算をしましょう。

① 17÷2＝8 あまり 1
② 66÷8＝8 あまり 2
③ 25÷4＝6 あまり 1
④ 36÷5＝7 あまり 1
⑤ 28÷3＝9 あまり 1
⑥ 19÷9＝2 あまり 1
⑦ 32÷6＝5 あまり 2
⑧ 21÷5＝4 あまり 1
⑨ 23÷3＝7 あまり 2

37

6 あまりのあるわり算 ⑤

学習日 月 日 名前

色をぬろう　わからない　だいたいできた　できた！

1 次(つぎ)の計算をしましょう。

① 14÷5＝2 あまり 4
② 45÷7＝6 あまり 3
③ 9÷5＝1 あまり 4
④ 14÷6＝2 あまり 2
⑤ 33÷4＝8 あまり 1
⑥ 47÷5＝9 あまり 2
⑦ 37÷6＝6 あまり 1
⑧ 46÷8＝5 あまり 6
⑨ 69÷9＝7 あまり 6

2 次の計算をしましょう。

① 34÷8＝4 あまり 2
② 32÷5＝6 あまり 2
③ 74÷9＝8 あまり 2
④ 27÷6＝4 あまり 3
⑤ 65÷9＝7 あまり 2
⑥ 27÷8＝3 あまり 3
⑦ 38÷9＝4 あまり 2
⑧ 46÷7＝6 あまり 4
⑨ 33÷6＝5 あまり 3

38

6 あまりのあるわり算 ⑥

学習日 月 日 名前

色をぬろう　わからない　だいたいできた　できた！

1 次(つぎ)の計算をしましょう。

① 40÷7＝5 あまり 5
② 71÷8＝8 あまり 7
③ 12÷7＝1 あまり 5
④ 41÷9＝4 あまり 5
⑤ 20÷8＝2 あまり 4
⑥ 12÷9＝1 あまり 3
⑦ 52÷7＝7 あまり 3
⑧ 50÷9＝5 あまり 5
⑨ 11÷6＝1 あまり 5

ひき算をするとき
くり下がりが
あります。

2 次の計算をしましょう。

① 22÷8＝2 あまり 6
② 11÷4＝2 あまり 3
③ 71÷9＝7 あまり 8
④ 33÷7＝4 あまり 5
⑤ 15÷9＝1 あまり 6
⑥ 50÷7＝7 あまり 1
⑦ 22÷9＝2 あまり 4
⑧ 31÷7＝4 あまり 3
⑨ 52÷8＝6 あまり 4

39

6 あまりのあるわり算 ⑦

学習日 月 日 名前

色をぬろう　わからない　だいたいできた　できた！

1 次(つぎ)の計算をしましょう。

① 62÷9＝6 あまり 8
② 12÷8＝1 あまり 4
③ 50÷6＝8 あまり 2
④ 26÷9＝2 あまり 8
⑤ 30÷8＝3 あまり 6
⑥ 31÷4＝7 あまり 3
⑦ 16÷9＝1 あまり 7
⑧ 23÷6＝3 あまり 5
⑨ 60÷8＝7 あまり 4

2 次の計算をしましょう。

① 15÷8＝1 あまり 7
② 40÷9＝4 あまり 4
③ 30÷4＝7 あまり 2
④ 10÷7＝1 あまり 3
⑤ 25÷9＝2 あまり 7
⑥ 15÷9＝1 あまり 6
⑦ 51÷8＝6 あまり 3
⑧ 44÷9＝4 あまり 8
⑨ 60÷7＝8 あまり 4

40

6 あまりのあるわり算 ⑧

学習日　月　日　名前

色をぬろう　わからない　だいたいできた　できた!

1 次の計算をしましょう。

① 12÷8＝1 あまり 4
② 41÷6＝6 あまり 5
③ 31÷8＝3 あまり 7
④ 51÷9＝5 あまり 6
⑤ 53÷7＝7 あまり 4
⑥ 34÷9＝3 あまり 7
⑦ 20÷6＝3 あまり 2
⑧ 52÷8＝6 あまり 4
⑨ 33÷9＝3 あまり 6

2 次の計算をしましょう。

① 30÷8＝3 あまり 6
② 35÷9＝3 あまり 8
③ 12÷7＝1 あまり 5
④ 14÷8＝1 あまり 6
⑤ 11÷9＝1 あまり 2
⑥ 54÷7＝7 あまり 5
⑦ 21÷8＝2 あまり 5
⑧ 41÷7＝5 あまり 6
⑨ 80÷9＝8 あまり 8

6 あまりのあるわり算 ⑨

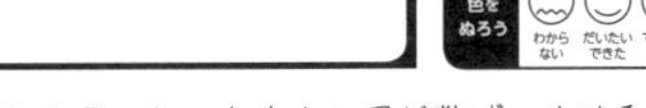

学習日　月　日　名前

色をぬろう　わからない　だいたいできた　できた!

1 17このあめを4人で同じ数ずつ分けると、1人分は何こで、何こあまりますか。

式　17÷4＝4あまり1

答え　1人分4こで、1こあまる

2 34まいの色紙を4グループに同じ数ずつ分けると、1グループに何まいで、何まいあまりますか。

式　34÷4＝8あまり2

答え　1グループ8まいで、2まいあまる

3 35mのロープから、長さ6mのロープをできるだけ多くとると、何本とれて、何mあまりますか。

式　35÷6＝5あまり5

答え　5本とれて、5mあまる

4 30このクッキーを4人に同じ数ずつ分けると、1人分は何こで、何こあまりますか。

式　30÷4＝7あまり2

答え　1人分は7こで、2こあまる

5 カード55まいを8列に同じ数ずつならべると、1列に何まいで、何まいあまりますか。

式　55÷8＝6あまり7

答え　1列6まいで、7まいあまる

6 えんぴつ41本を6本ずつ、ふくろに入れると、何ふくろできて、何本あまりますか。

式　41÷6＝6あまり5

答え　6ふくろでき、5本あまる

6 あまりのあるわり算 ⑩ まとめ

学習日　月　日　名前

点　ごうかく 80〜100点

1 次の計算をしましょう。(1つ5点)

① 33÷5＝6 あまり 3
② 55÷6＝9 あまり 1
③ 37÷7＝5 あまり 2
④ 58÷8＝7 あまり 2
⑤ 25÷9＝2 あまり 7
⑥ 63÷8＝7 あまり 7
⑦ 55÷7＝7 あまり 6
⑧ 41÷6＝6 あまり 5

2 花が25本あります。4本ずつたばにして花たばを作ります。4本の花たばはいくつできますか。(式10点、答え10点)

式　25÷4＝6あまり1

答え　6たば

3 あめが40こあります。1ふくろに6こずつ入れると何ふくろできて何こあまりますか。(式10点、答え10点)

式　40÷6＝6あまり4

答え　6ふくろでき、4こあまる

4 84ページの本を1日に9ページずつ読みます。全部読み終わるまでに何日かかりますか。(式10点、答え10点)

式　84÷9＝9あまり3

答え　10日間

7 大きい数 ①

学習日　月　日　名前

色をぬろう　わからない　だいたいできた　できた!

1 次の数をくらい取り表にかきましょう。(2017年)

① 秋田県の小学生、43796人
② 東京都の小学生、601473人
③ 日本の小学生、6448657人

	千	百	十	一(万)	千	百	十	一
①				4	3	7	9	6
②			6	0	1	4	7	3
③		6	4	4	8	6	5	7

2 数字で、くらい取り表にかきましょう。(2017年)

① 青森県の中学生、三万三千九百二十一人
② 東京都の中学生、三十万四千百九十九人
③ 日本の中学生、三百三十三万三千三百十七人

	千	百	十	一(万)	千	百	十	一
①				3	3	9	2	1
②			3	0	4	1	9	9
③		3	3	3	3	3	1	7

3 日本の小学生、中学生、高校生をあわせると、千二百九十万五千五百五十人です。(2018年)

① くらい取り表に数字でかきましょう。

千	百	十	一(万)	千	百	十	一
1	2	9	0	5	5	5	0

② くらい取り表の数字の9は、何のくらいの数を9こ集めたものですか。

答え　十万のくらい

4 次の数をくらい取り表にかきましょう。

① 千万を2こと、百万を6こと、十万を2こあわせた数をかきましょう。
② 百万を3こと、一万を7こと、千を4こあわせた数をかきましょう。

	千	百	十	一(万)	千	百	十	一
①	2	6	2	0	0	0	0	0
②		3	0	7	4	0	0	0

7 大きい数 ②

学習日　月　日　名前

1 次の数をかきましょう。

① 1000万を3こ、100万を7こ、10万を4こ、1万を9こあわせた数

千万	百万	十万	一万	千	百	十	一
3	7	4	9	0	0	0	0

② 1000万を5こ、100万を4こ、1万を6こあわせた数

（　54060000　）

③ 1000万を8こ、10万を2こ、1000を6こ、100を1こあわせた数

（　80206100　）

2 次の（　）に数を入れましょう。

① 520000は、1万を（　52　）こ集めた数

5	2	0	0	0	0
	1	0	0	0	0

② 520000は、1000を（　520　）こ集めた数

3 次の数を数字でかきましょう。

① 四千七百二十五万八千九百六十一

（　47258961　）

② 七千五百万三千八百

（　75003800　）

③ 三千万三

（　30000003　）

④ 八千万

（　80000000　）

4 大きいじゅんに番号をつけましょう。

①	87000	300000	280000	99000
	4	1	2	3

②	470000	540000	68000	79000
	2	1	4	3

45

7 大きい数 ③

学習日　月　日　名前

1 10000はどんな数ですか。□にあてはまる数をかきましょう。

① 9000より 1000 大きい数

② 9900より 100 大きい数

③ 1000を 10 こ集めた数

④ 100を 100 こ集めた数

⑤ 10を 1000 こ集めた数

⑥ 1を 10000 こ集めた数

2 □にあてはまる数をかきましょう。（万の字を使ってかきましょう。）

① 1万が10こで 10万

② 1万が1000こで 1000万

③ 100万が10こで 1000万

3 次のような数字のカードがあります。

0 1 2 3 4 5 6 7

① 8まいのカードから5まいを使って、一番大きい数を作りましょう。

7 6 5 4 3

② 8まいのカードから5まいを使って、一番小さい数を作りましょう。

1 0 2 3 4

③ 8まい全部を使って、一番大きい数を作りましょう。

7 6 5 4 3 2 1 0

④ 8まい全部を使って、一番小さい数を作りましょう。

1 0 2 3 4 5 6 7

46

7 大きい数 ④

学習日　月　日　名前

35を10倍すると350です。
0が1つ右にふえます。

百	十	一
	3	5
3	5	0

10倍（×10）

1 次の数を10倍しましょう。

① 26　260　② 50　500

③ 123　1230　④ 220　2200

35を100倍すると3500です。
0が2つ右にふえます。

千	百	十	一
		3	5
	3	5	0
3	5	0	0

100倍　10倍　10倍

2 次の数を100倍しましょう。

① 62　6200　② 30　3000

③ 321　32100　④ 400　40000

3 次の数を1000倍しましょう。

① 4　4000　② 7　7000

③ 65　65000　④ 47　47000

350を10でわると、0を1つとって35になります。

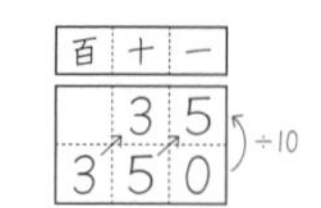

4 次の数を10でわった数にしましょう。

① 370　37　② 290　29

③ 600　60　④ 900　90

5 次の数を100でわった数にしましょう。

① 4300　43　② 7200　72

③ 4000　40　④ 1000　10

47

7 大きい数 ⑤

学習日　月　日　名前

1 次の数直線について答えましょう。

① 数直線の目もりの数をあ～か（　）にかき入れましょう。

（ 2000 ）（ 3000 ）
0　1000　あ　い　ア　イ

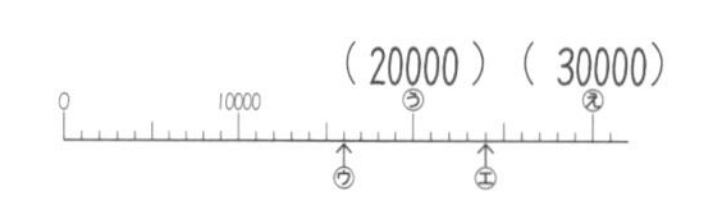

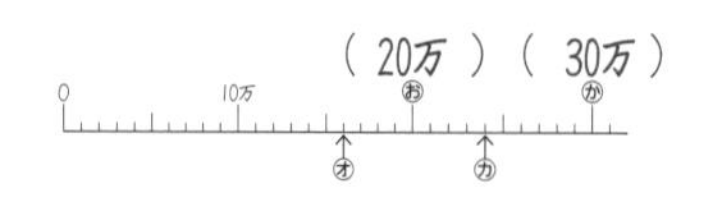

② ア～カの数をかきましょう。

ア 1600	イ 2400	ウ 16000
エ 24000	オ 16万	カ 24万

2 □にあてはまる数をかきましょう。

① 99998－99999－ 100000 －100001

② 390万－400万－ 410万 －420万－ 430万

③ 99950－ 100000 －100050－100100

④ 49800－ 49900 －50000－50100

3 次の数を、数直線に↑でかき入れましょう。

ア 3000　イ 6000　ウ 13000
エ 19000　オ 28000

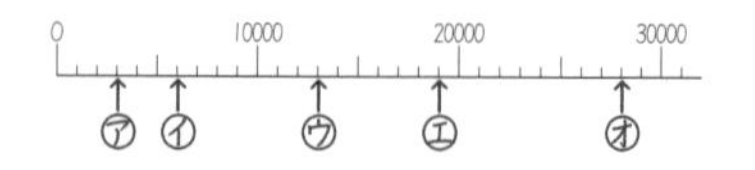

48

7 大きい数 ⑥

学習日 月 日 名前

色をぬろう わからない だいたいできた できた!

1 次の□にあてはまる数をかきましょう。

① 1万が10こ集まると [10] 万になります。

② 10万が10こ集まると [100] 万になります。

③ 100万が10こ集まると [1000] 万になります。

④ 1000万が10こ集まると [1] 億になります。

次のようにくらい取り表にブラジルの人口をかきました。

千億のくらい	百億のくらい	十億のくらい	一億のくらい	千万のくらい	百万のくらい	十万のくらい	一万のくらい	千のくらい	百のくらい	十のくらい	一のくらい
			2	1	2	8	7	3	0	0	0

人口は「二億千二百八十七万三千」人と読みます。4けたごとに区切ると読みやすいですね。

2 次の表は、日本の人口です。(2015年)

人口(人)	127094745
女子(人)	65253007

① 下のくらい取り表に、日本の人口をかき入れて、その読み方を漢字でかきましょう。

千	百	十	一 億	千	百	十	一 万	千	百	十	一
			1	2	7	0	9	4	7	4	5

漢数字(一億二千七百九万四千七百四十五)

② 下のくらい取り表に、日本の女子の人口をかき入れて、その読み方を漢字でかきましょう。

女子

千	百	十	一 億	千	百	十	一 万	千	百	十	一
				6	5	2	5	3	0	0	7

漢数字(六千五百二十五万三千七)

7 大きい数 ⑦

学習日 月 日 名前

色をぬろう わからない だいたいできた できた!

1 次の□にあてはまる記号(=、<、>)をかきましょう。

① 28 [<] 41　② 72 [>] 59

③ 64 [=] 64　④ 301 [>] 207

⑤ 500+265 [<] 800

⑥ 376+224 [>] 500

⑦ 700−450 [=] 250

⑧ 957−450 [<] 510

⑨ 7×8 [>] 50

⑩ 72÷8 [=] 9

2 次の□にあてはまる記号(=、<、>)をかきましょう。

① 250+160 [>] 160+205

② 350−200 [=] 450−300

③ 7×6 [>] 8×5

④ 36÷6 [>] 36÷9

3 □の中には1つの数字が入ります。大小の記号にあう数字をすべてかきましょう。

① 53 < □2　答え6、7、8、9

② 3600 < 3□00　答え 7、8、9

③ 2400 > 2□00　答え3、2、1、0

7 大きい数 ⑧ まとめ

学習日 月 日 名前

点　ごうかく 80~100点

1 次の数を数字でかきましょう。(1つ10点)

① 二十五万六千八百七十三
(256873)

② 100万を7こと10万を3こあわせた数
(7300000)

③ 850を100倍した数
(85000)

2 下の数直線で①から③が表す数をかきましょう。(1つ10点)

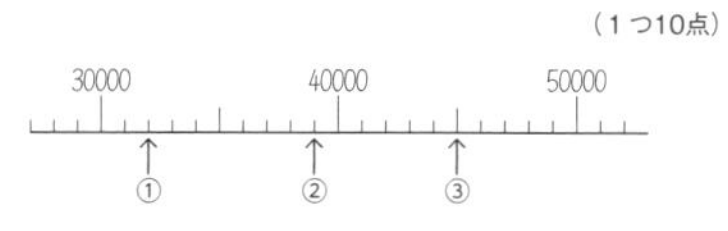

① (32000)　② (39000)

③ (45000)

3 □にあてはまる記号(=、<、>)をかきましょう。(1つ5点)

① 350万 [<] 400万

② 72000 [>] 68000

③ 89000 [>] 9800

④ 600万−200万 [=] 400万

4 75000はどんな数ですか。□にあてはまる数をかきましょう。(1つ5点)

① 80000より [5000] 小さい数

② 1000を [75] こ集めた数

③ 7500を [10] 倍した数

④ 50000と [25000] をあわせた数

8 かけ算の筆算 (×1けた) ①

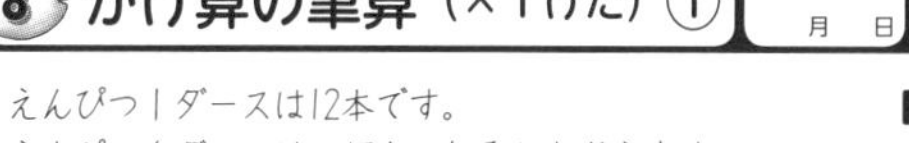

学習日 月 日 名前

色をぬろう わからない だいたいできた できた!

えんぴつ1ダースは12本です。
えんぴつ4ダースは、何本になるかを考えます。
1ダース12本の4倍ですから、12×4でもとめることができます。12を10と2に分けて

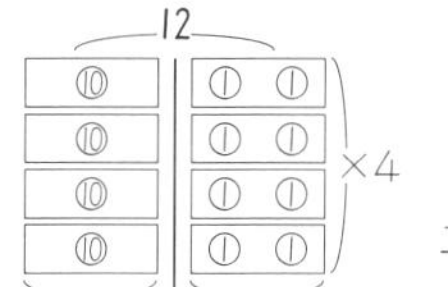

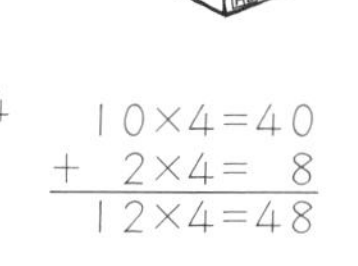

10×4=40
+ 2×4= 8
12×4=48

と考えることができます。
この計算を筆算ですると、次のようになります。

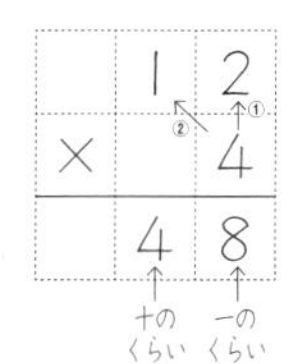

	1	2
×		4
	4	8

十のくらい　一のくらい

① 4×2=8
一のくらいに8をかく。
② 4×1=4 (4×10=40)
十のくらいに4をかく。

1 次の計算をしましょう。

①

	1	2
×		3
	3	6

②

	2	2
×		4
	8	8

③

	3	2
×		3
	9	6

④

	4	2
×		2
	8	4

⑤

	2	3
×		3
	6	9

⑥

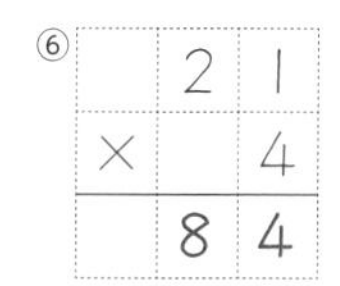

	2	1
×		4
	8	4

8 かけ算の筆算（×１けた）②

学習日　月　日　名前

色をぬろう　わからない　だいたいできた　できた!

24×3 を計算してみましょう。

	2	4
×		3
	7^{1}	2

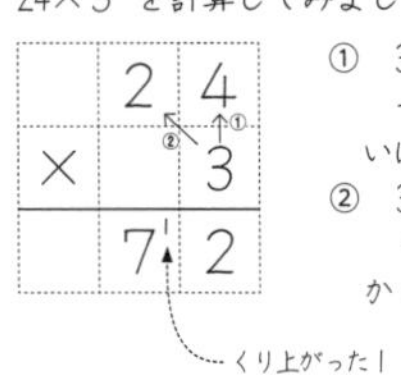

① 3×4=12
一のくらいは2、十のくらいに小さく１をかく。
② 3×2=6
くり上がった１と6で7をかく。

くり上がった１

82×3 を計算してみましょう。

	8	2
×		3
2	4	6

① 3×2=6
一のくらいに6をかく。
② 3×8=24
百のくらいに2、十のくらいに4をかく。

1 次（つぎ）の計算をしましょう。

①

	2	7
×		3
	8^{2}	1

②

	4	8
×		2
	9^{1}	6

③

	2	8
×		3
	8^{2}	4

④

	3	6
×		2
	7^{1}	2

2 次の計算をしましょう。

①

	6	1
×		4
2	4	4

②

	4	2
×		3
1	2	6

③

	7	2
×		3
2	1	6

④

	8	0
×		6
4	8	0

8 かけ算の筆算（×１けた）③

学習日　月　日　名前

色をぬろう　わからない　だいたいできた　できた!

42×8 を計算してみましょう。

	4	2
×		8
3	3^{1}	6

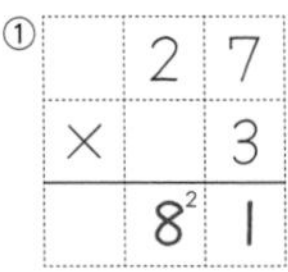

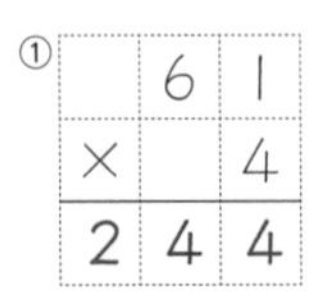

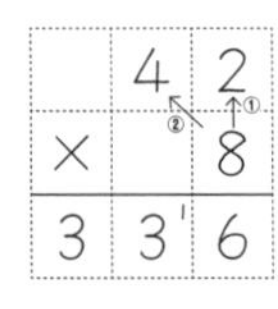

① 8×2=16
一のくらいは6、十のくらいに小さく１をかく。
② 8×4=32
くり上がった１と32で33
百のくらいに3、
十のくらいに3をかく。

1 次（つぎ）の計算をしましょう。

①

	3	4
×		8
2	7^{3}	2

②

	9	9
×		9
8	9^{8}	1

③

	7	3
×		4
2	9^{1}	2

④

	2	6
×		7
1	8^{4}	2

2 次の計算をしましょう。

①

	7	3
×		9
6	5^{2}	7

②

	8	2
×		6
4	9^{1}	2

③

	4	7
×		5
2	3^{3}	5

④

	8	6
×		3
2	5^{1}	8

⑤

	6	5
×		3
1	9^{1}	5

⑥

	4	3
×		4
1	7^{1}	2

8 かけ算の筆算（×１けた）④

学習日　月　日　名前

色をぬろう　わからない　だいたいできた　できた!

36×6 を計算してみましょう。

	3	6
×		6
2	1^{3}	6

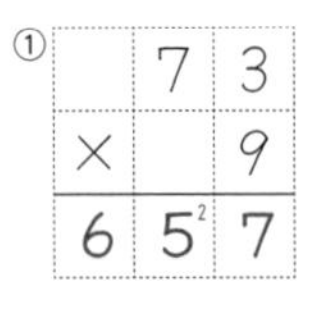

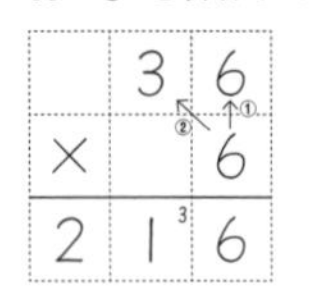

① 6×6=36
一のくらいは6、十のくらいに小さく3をかく。
② 6×3=18
くり上がった3と18で21
百のくらいに2、
十のくらいに１をかく。

1 次（つぎ）の計算をしましょう。

①

	8	4
×		6
5	0^{2}	4

②

	4	5
×		7
3	1^{3}	5

③

	3	9
×		8
3	1^{7}	2

④

	7	9
×		7
5	5^{6}	3

2 次の計算をしましょう。

①

	8	7
×		6
5	2^{4}	2

②

	1	4
×		8
1	1^{3}	2

③

	1	8
×		6
1	0^{4}	8

④

	2	8
×		8
2	2^{6}	4

⑤

	3	4
×		3
1	0^{1}	2

⑥

	5	8
×		7
4	0^{5}	6

8 かけ算の筆算（×１けた）⑤

学習日　月　日　名前

色をぬろう　わからない　だいたいできた　できた!

1 次（つぎ）の計算をしましょう。

①

	9	1
×		7
6	3	7

②

	5	1
×		8
4	0	8

③

	7	0
×		4
2	8	0

④

	3	0
×		9
2	7	0

⑤

	3	4
×		4
1	3^{1}	6

⑥

	8	7
×		9
7	8^{6}	3

2 次の計算をしましょう。

①

	2	8
×		6
1	6^{4}	8

②

	3	8
×		7
2	6^{5}	6

③

	6	5
×		8
5	2^{4}	0

④

	7	5
×		4
3	0^{2}	0

⑤

	4	3
×		7
3	0^{2}	1

⑥

	6	3
×		8
5	0^{2}	4

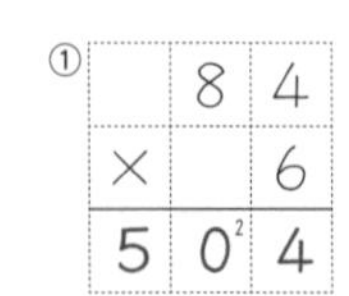

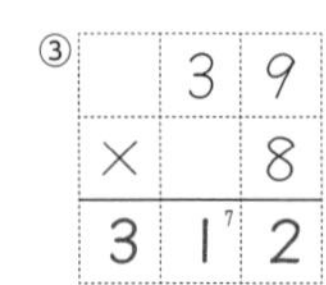

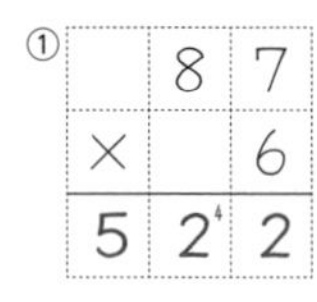

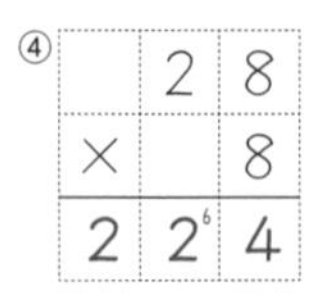

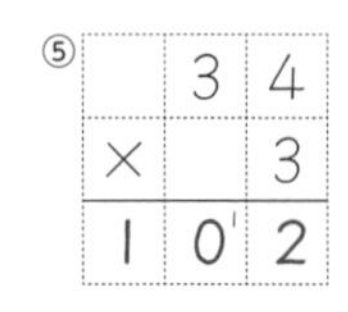

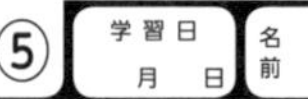

8 かけ算の筆算（×１けた）⑥

学習日　月　日　名前

色をぬろう　わからない　だいたいできた　できた！

312×２ を計算してみましょう。

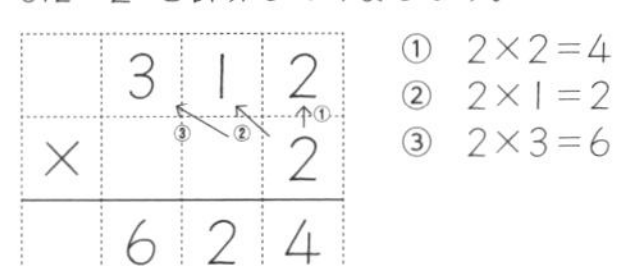

	3	1	2
×			2
	6	2	4

① ２×２＝４
② ２×１＝２
③ ２×３＝６

116×５ を計算してみましょう。

	1	1	6
×			5
	5	8^{3}	0

① ５×６＝30
十のくらいに小さく３
② ５×１＝５
３と５で８
③ ５×１＝５

1 次の計算をしましょう。

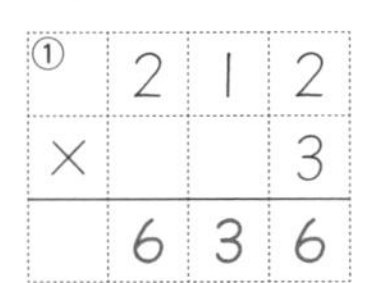

①

	2	1	2
×			3
	6	3	6

②

	1	2	1
×			4
	4	8	4

③

	2	3	0
×			3
	6	9	0

④

	3	4	0
×			2
	6	8	0

2 次の計算をしましょう。

①

	3	2	6
×			3
	9	7^{1}	8

②

	2	2	7
×			3
	6	8^{2}	1

③

	4	3	8
×			2
	8	7^{1}	6

④

	2	2	4
×			4
	8	9^{1}	6

8 かけ算の筆算（×１けた）⑦

学習日　月　日　名前

色をぬろう　わからない　だいたいできた　できた！

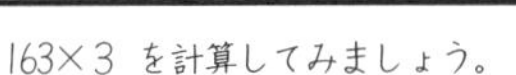

163×３ を計算してみましょう。

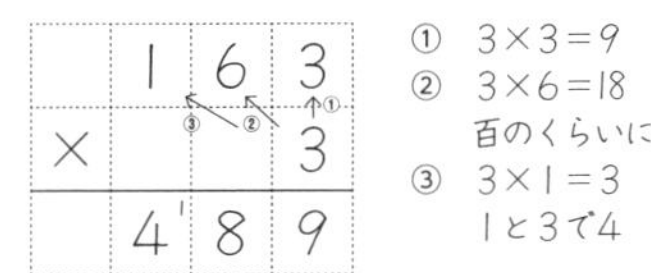

	1	6	3
×			3
	4^{1}	8	9

① ３×３＝９
② ３×６＝18
百のくらいに小さく１
③ ３×１＝３
１と３で４

412×３ を計算してみましょう。

	4	1	2
×			3
1	2	3	6

① ３×２＝６
② ３×１＝３
③ ３×４＝12
千のくらいに１
百のくらいに２

1 次の計算をしましょう。

①

	2	3	1
×			4
	9^{1}	2	4

②

	4	6	2
×			2
	9^{1}	2	4

③

	2	4	2
×			4
	9^{1}	6	8

④

	1	6	2
×			4
	6^{2}	4	8

2 次の計算をしましょう。

①

	7	1	2
×			3
2	1	3	6

②

	8	2	2
×			4
3	2	8	8

③

	5	1	0
×			5
2	5	5	0

④

	6	1	0
×			4
2	4	4	0

8 かけ算の筆算（×１けた）⑧

学習日　月　日　名前

色をぬろう　わからない　だいたいできた　できた！

872×２ を計算してみましょう。

	8	7	2
×			2
1	7^{1}	4	4

① ２×２＝４
② ２×７＝14
百のくらいに小さく１
③ ２×８＝16
１＋16＝17

297×２ を計算してみましょう。

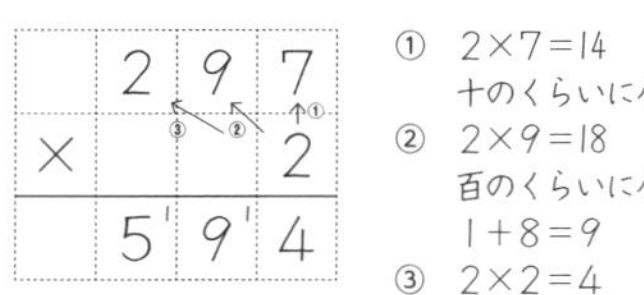

	2	9	7
×			2
	5^{1}	9^{1}	4

① ２×７＝14
十のくらいに小さく１
② ２×９＝18
百のくらいに小さく１
１＋８＝９
③ ２×２＝４
１＋４＝５

1 次の計算をしましょう。

①

	4	6	2
×			3
1	3^{1}	8	6

②

	7	5	3
×			2
1	5^{1}	0	6

③

	6	4	1
×			4
2	5^{1}	6	4

④

	5	6	3
×			3
1	6^{1}	8	9

2 次の計算をしましょう。

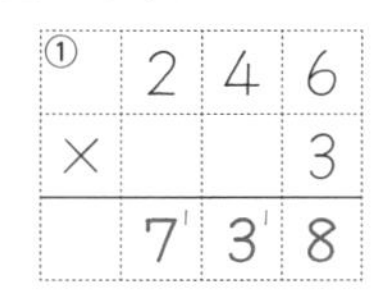

①

	2	4	6
×			3
	7^{1}	3^{1}	8

②

	1	2	6
×			6
	7^{1}	5^{3}	6

③

	1	3	5
×			5
	6^{1}	7^{2}	5

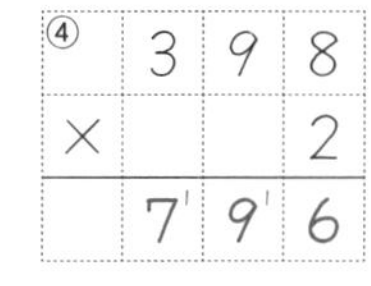

④

	3	9	8
×			2
	7^{1}	9^{1}	6

8 かけ算の筆算（×１けた）⑨

学習日　月　日　名前

色をぬろう　わからない　だいたいできた　できた！

758×６ を計算してみましょう。

	7	5	8
×			6
4	5^{3}	4^{4}	8

① ６×８＝48
② ６×５＝30
③ ６×７＝42

635×８ を計算してみましょう。

	6	3	5
×			8
5	0^{2}	8^{4}	0

① ８×５＝40
② ８×３＝24
③ ８×６＝48
くり上がった２と48で50
をかく。

1 次の計算をしましょう。

①

	8	7	4
×			9
7	8^{6}	6^{3}	6

②

	9	4	6
×			6
5	6^{2}	7^{3}	6

③

	5	7	5
×			5
2	8^{3}	7^{2}	5

④

	4	6	8
×			5
2	3^{3}	4^{4}	0

2 次の計算をしましょう。

①

	4	3	5
×			7
3	0^{2}	4^{3}	5

②

	5	6	4
×			9
5	0^{5}	7^{3}	6

③

	3	4	5
×			6
2	0^{2}	7^{3}	0

④

	6	7	3
×			8
5	3^{5}	8^{2}	4

8 かけ算の筆算（×1けた）⑩

学習日 月 日 名前 色をぬろう わからない だいたいできた できた!

1 次の計算をしましょう。

① 312 × 3 = 936
② 402 × 2 = 804
③ 326 × 3 = 978
④ 218 × 4 = 872
⑤ 163 × 3 = 489
⑥ 460 × 2 = 920

2 次の計算をしましょう。

① 126 × 6 = 756
② 389 × 2 = 778
③ 245 × 4 = 980
④ 874 × 9 = 7866
⑤ 563 × 7 = 3941
⑥ 468 × 5 = 2340

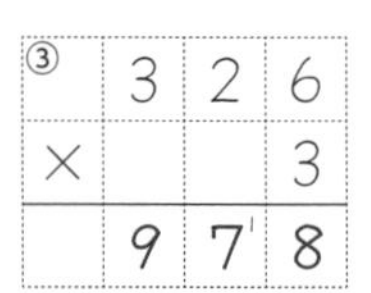
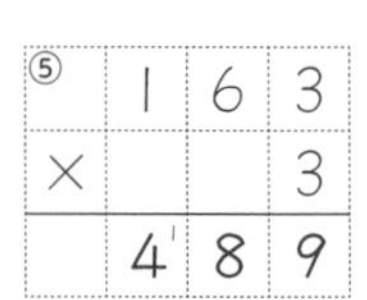

8 かけ算の筆算（×1けた）⑪

学習日 月 日 名前 色をぬろう

わからない だいたいできた できた!

1 次の計算をしましょう。

① 123 × 3 = 369
② 328 × 3 = 984
③ 460 × 2 = 920
④ 146 × 5 = 730
⑤ 468 × 4 = 1872
⑥ 677 × 3 = 2031

2 次の計算をしましょう。

① 170 × 4 = 680
② 217 × 4 = 868
③ 410 × 4 = 1640
④ 461 × 4 = 1844
⑤ 649 × 2 = 1298
⑥ 746 × 7 = 5222

8 かけ算の筆算（×1けた）⑫ まとめ

学習日 月 日 名前 点 ごうかく 80〜100点

1 次の計算をしましょう。（1つ10点）

① 93 × 3 = 279
② 78 × 9 = 702
③ 302 × 3 = 906
④ 342 × 4 = 1368
⑤ 769 × 8 = 6152
⑥ 458 × 9 = 4122

2 次の筆算で答えが正しいものには○、まちがっているものには×をつけましょう。（1つ5点）

① 76 × 3 = 2118 （×）
② 45 × 8 = 360 （○）
③ 208 × 6 = 168 （×）
④ 679 × 8 = 5432 （○）

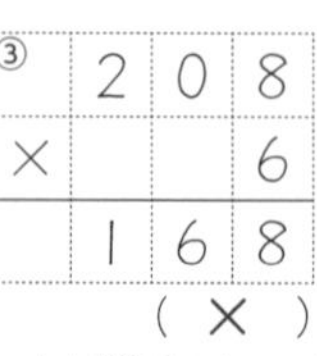

3 1本189円の牛にゅうを3本買いました。代金はいくらですか。（式10点、答え10点）

式 189×3=567

189 × 3 = 567

答え 567円

9 円と球 ①

学習日 月 日 名前 色をぬろう わからない だいたいできた できた!

1 次の□にあてはまることばをかきましょう。

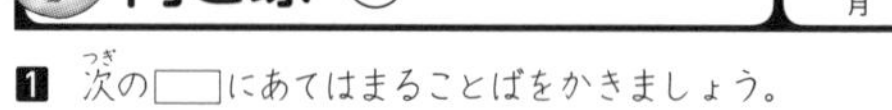

① 円のまん中の点のことを **中心** といいます。

② 円の中心から、円のまわりまでひいた直線を円の **半径** といいます。

③ 円のまわりから、中心を通って、円のまわりまでひいた直線を円の **直径** といいます。

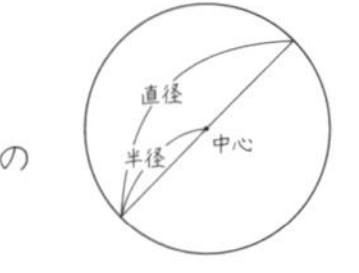

④ 円の直径の長さは、半径の **2** 倍です。

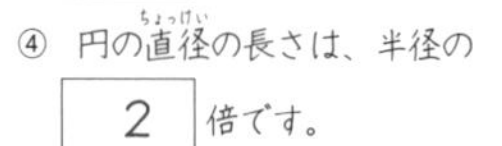

2 円の形をさがし、番号で答えましょう。

① 
② 
③ 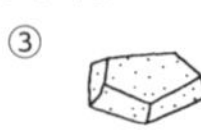
④ 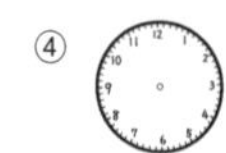
⑤ 
⑥ 

答え ②④

3 コンパスを使って円をかくときの手じゅんです。□にあてはまることばをかきましょう。

① 円の大きさにあわせ **半径** の長さを決め、コンパスを開きます。

② 円の **中心** のいちを決め、コンパスのはりをさします。

③ はりがずれないようにまわして、円をかきます。

4 半径3cmの円をかきましょう。

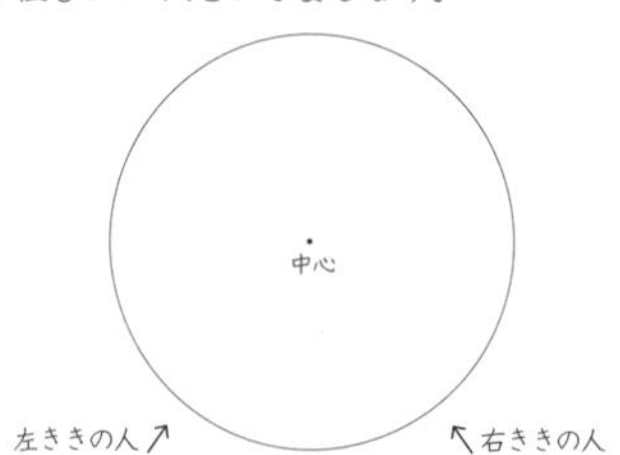

9 円と球 ②

学習日　月　日　名前

1 次の円をかきましょう。

① 直径4cmの円

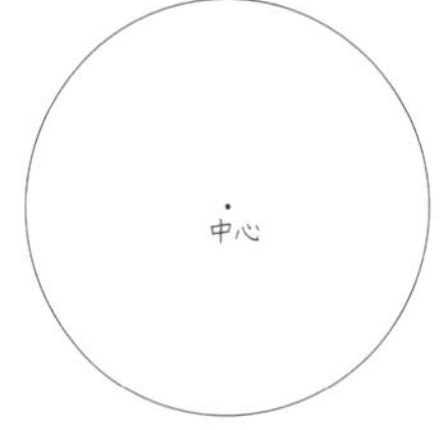

② 直径6cmの円

中心

③ 中心がアで半径2cmの円と、中心がイで半径2cmの円

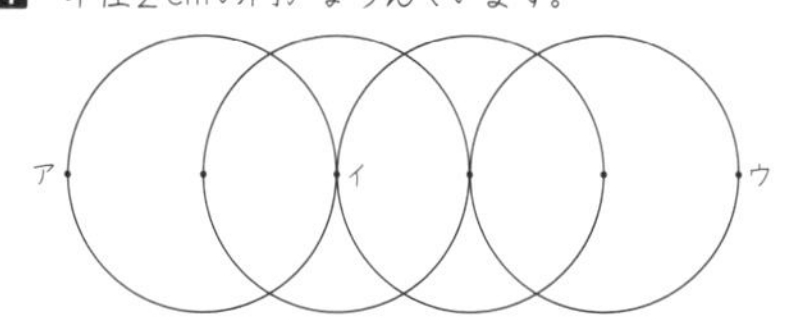

2 ぼく場があります。1本のくいから、ロープで牛がつながれています。

① ロープの長さが4mのとき、牛が食べることのできるぼく草のはんいを、コンパスでかきましょう。

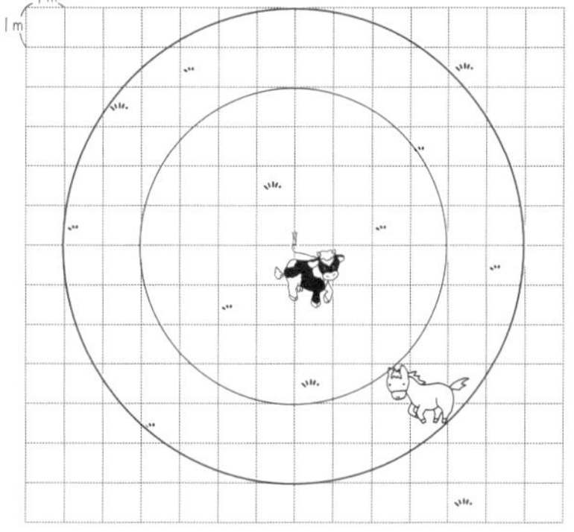

② ロープの長さが6mのとき、牛は、馬のいるところまで行くことができますか。

答え　できる

9 円と球 ④

学習日　月　日　名前

1 次の□にあてはまることばをかきましょう。

① バレーのボールのように、どこから見ても円に見える形を 球 といいます。

② 球を半分に切ると、切り口は 円 になります。

③ 切り口の円の中心を、球の 中心 、円の半径を球の 半径 、円の直径を球の 直径 といいます。

2 球の形をさがし、番号で答えましょう。

①

②

③

④ ⑤ ⑥

答え　② ⑥

3 半径4cmのボールが箱の中にきちんと入っています。

① 箱のたての長さは、何cmですか。

式　4×2=8、8×2=16

答え　16cm

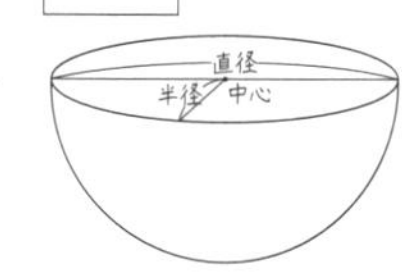

② 箱の横の長さは、何cmですか。

式　8×3=24

答え　24cm

4 同じ大きさのボールが箱の中にきちんと入っています。

① ボールの半径は、何cmですか。

式　24÷4=6、6÷2=3

答え　3cm

② 箱の横の長さは、何cmですか。

式　6×3=18

答え　18cm

9 円と球 ③

学習日　月　日　名前

1 半径2cmの円がならんでいます。

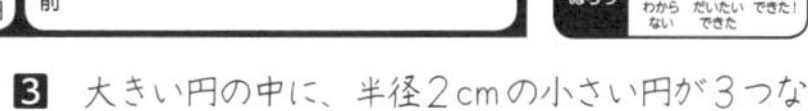

① 点アと点イの長さをもとめましょう。　答え　4cm

② 点アと点ウの長さをもとめましょう。　答え　10cm

2 同じ直径の円が、図のように7こならんでいます。

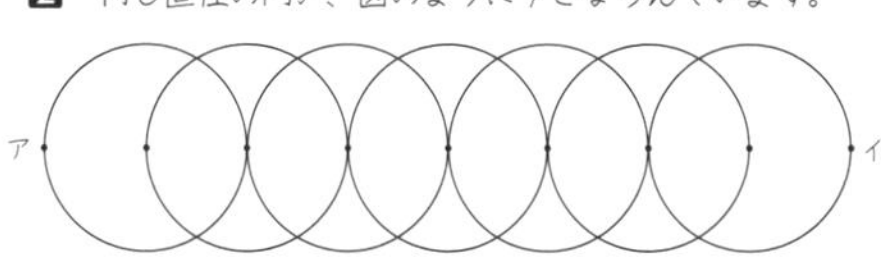

点アと点イの長さは12cmでした。1つの円の直径は何cmですか。　答え　3cm

3 大きい円の中に、半径2cmの小さい円が3つならんでいます。

大きい円の直径は、何cmですか。

答え　12cm

4 半径8cmの大きな円の中に、小さい円が4こならんでいます。

小さい円の半径は、何cmですか。

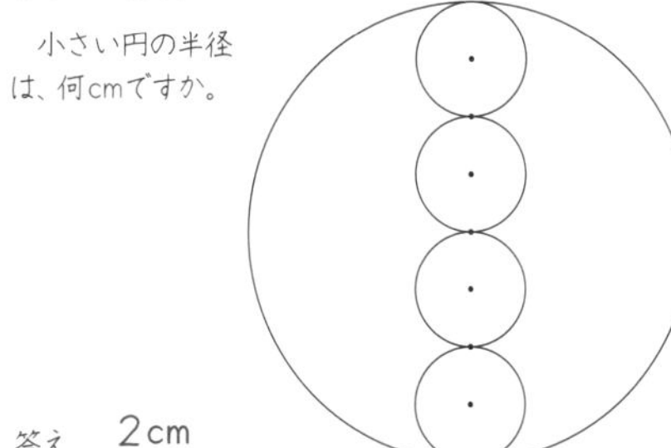

答え　2cm

10 小数 ①

学習日　月　日　名前

水とうに入っていた水を1dLますに入れたら、2dLとあまりがありました。

あまりの水は、10等分した目もりで、4つ分ありました。

これを2.4dLとかいて「2点4デシリットル」と読みます。

2と4の間にある「.」を **小数点** といい、小数点のついた数を **小数** といいます。

また、2.4の4のくらいを **小数第1位** といいます。

1 次の水のかさは、何dLですか。

① 答え　2.5dL

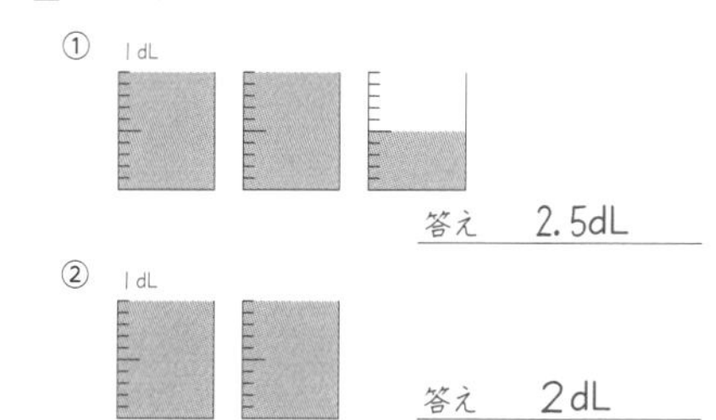

② 答え　2dL

2 次の水のかさは何dLですか。

① 答え　3.1dL

② 答え　1.7dL

③ 答え　0.3dL

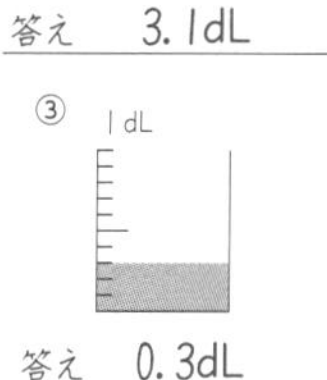

3 次のかさの分まで色をぬりましょう。

① 1.4dL

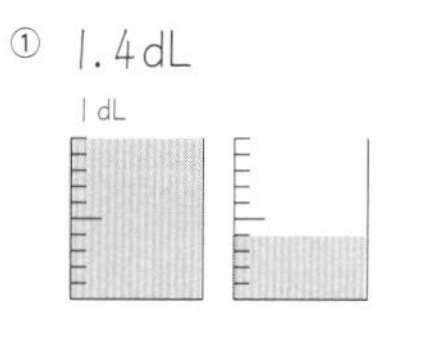

② 0.5dL

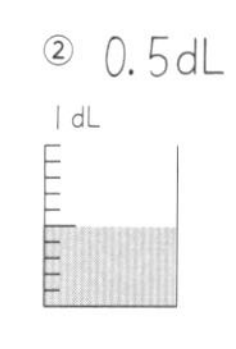

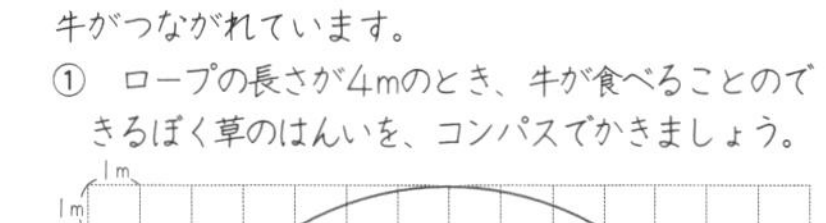

10 小　数 ②

学習日　月　日　名前

色をぬろう　わからない　だいたいできた　できた！

1 （　）の中のたんいにあわせ、小数にしてかきましょう。

① 3L4dL　（3.4 L）

② 2L5dL　（2.5 L）

③ 6dL　（0.6 L）

④ 1dL　（0.1 L）

⑤ 5cm6mm　（5.6 cm）

⑥ 3cm7mm　（3.7 cm）

⑦ 4mm　（0.4 cm）

⑧ 4kg200g　（4.2 kg）

⑨ 1kg300g　（1.3 kg）

⑩ 900g　（0.9 kg）

2 次（つぎ）の□にあてはまる数をかきましょう。

① 0.3は、0.1が［3］こ集（あつ）まった数です。

② 4.2は、1が［4］こと、0.1が［2］こをあわせた数です。

③ 2.7は、1が［2］こと、0.1が［7］こをあわせた数です。

④ 31.4は、10が［3］こと、1が［1］こと0.1が［4］をあわせた数です。

⑤ 3.5は、0.1が［35］こ集まった数です。

⑥ 4.8は、0.1が［48］こ集まった数です。

⑦ 2は、0.1が［20］こ集まった数です。

⑧ 14.2は、0.1が［142］こ集まった数です。

10 小　数 ③

学習日　月　日　名前

色をぬろう　わからない　だいたいできた　できた！

1 1目もりが0.1の数直線があります。次の目もりを読みましょう。

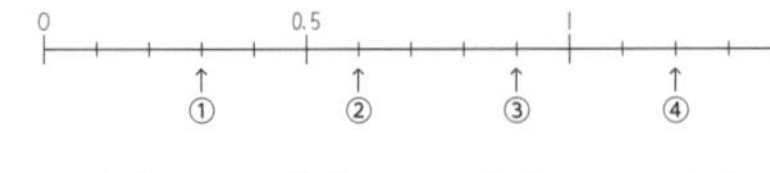

① 0.3　② 0.6　③ 0.9　④ 1.2

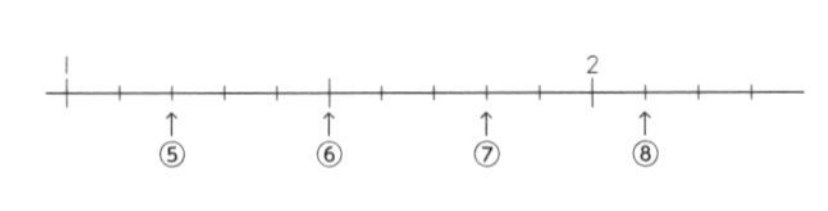

⑤ 1.2　⑥ 1.5　⑦ 1.8　⑧ 2.1

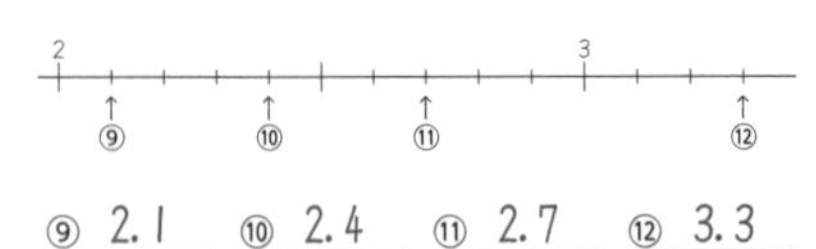

⑨ 2.1　⑩ 2.4　⑪ 2.7　⑫ 3.3

2 大きい方の数に○をつけましょう

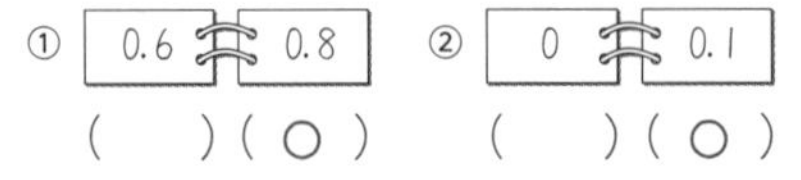

① 0.6　0.8　（　）（○）

② 0　0.1　（　）（○）

③ 1.2　1.4　（　）（○）

④ 2.3　2.9　（　）（○）

⑤ 14.3　14.5　（　）（○）

⑥ 21.3　21.5　（　）（○）

⑦ 1.3　2.3　（　）（○）

⑧ 3.4　4.4　（　）（○）

10 小　数 ④

学習日　月　日　名前

色をぬろう　
わからない　だいたいできた　できた！

1 次（つぎ）の計算をしましょう。

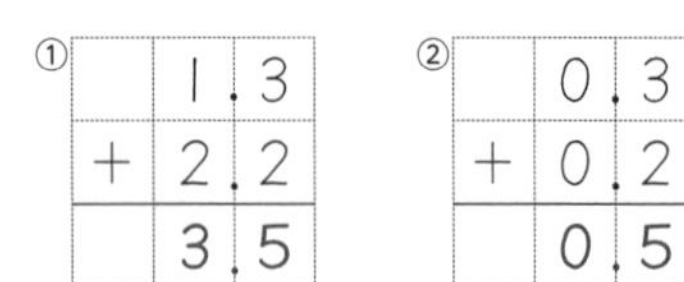

③ 0.5 + 0.7 = 1.2

④ 6.7 + 2.8 = 9.5

⑤ 5.9 + 9 = 14.9

⑥ 4.3 + 5.7 = 10.0

2 ジュースが1.2Lあります。新しいジュースを2L買ってきました。あわせて何Lありますか。

式（しき）1.2+2=3.2

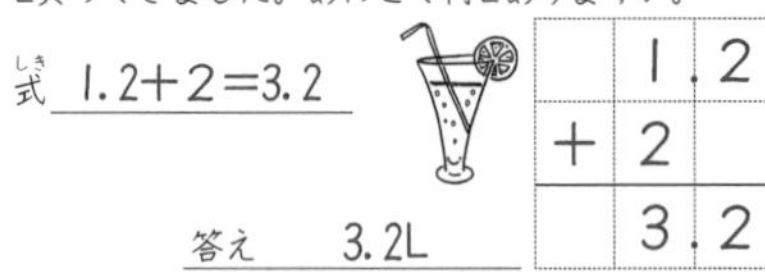

答え　3.2L

3 長さ4.5cmのリボンに、2.6cmのリボンをつなぎました。あわせて何cmになりますか。

式 4.5+2.6=7.1

4.5 + 2.6 = 7.1

答え　7.1cm

4 3.6mのテープに、4.7mテープをつなぎました。あわせて何mになりますか。

3.6m　4.7m

式 3.6+4.7=8.3

3.6 + 4.7 = 8.3

答え　8.3m

10 小　数 ⑤

学習日　月　日　名前

色をぬろう　わからない　だいたいできた　できた！

1 次（つぎ）の計算をしましょう。

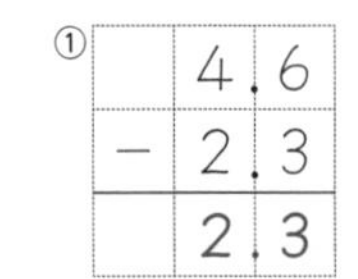

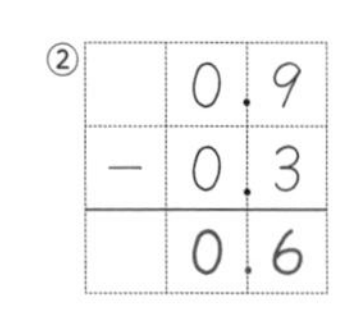

③ 5.3 − 3.7 = 1.6

④ 9.4 − 5.6 = 3.8

⑤ 4.6 − 0.6 = 4.0

⑥ 7.3 − 5 = 2.3

2 8L入るバケツに、水が2.5L入っています。水はあと何L入りますか。

式（しき）8−2.5=5.5

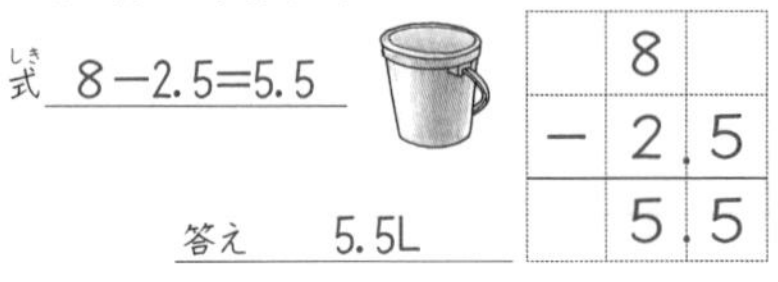

答え　5.5L

3 長さ5mのロープから、3.2mを切って使（つか）いました。のこりは何mですか。

式 5−3.2=1.8

5 − 3.2 = 1.8

答え　1.8m

4 ジュースが1.2Lあります。0.3Lを飲（の）みました。のこりは何Lありますか。

式 1.2−0.3=0.9

1.2 − 0.3 = 0.9

答え　0.9L

10 小 数 ⑥ まとめ

学習日 月 日 名前 点 ごうかく 80〜100点

1 次の水のかさは何Lですか。 (5点)

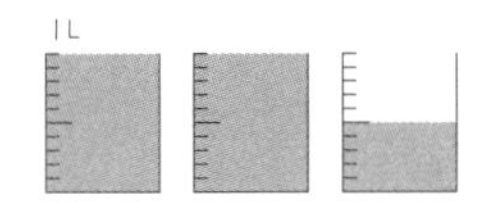

答え 2.5L

2 下の数直線で①〜④が表す小数をかきましょう。 (1つ5点)

0 1 2

① 0.2 ② 0.9 ③ 1.6 ④ 2.1

3 次の数はいくつですか。 (1つ5点)

① 4と0.7をあわせた数 (4.7)

② 1を5こと0.1を6こあわせた数 (5.6)

③ 6より0.3小さい数 (5.7)

④ 0.1を56こ集めた数 (5.6)

⑤ 0.1を70こ集めた数 (7)

4 次の計算をしましょう。 (1つ5点)

① 0.8+0.5=1.3 ② 2+0.8=2.8

③ 1.7−0.2=1.5 ④ 1−0.4=0.6

⑤

	4	.3
+	2	.7
	7	.0

⑥

	7	.9
+	5	.8
1	3	.7

⑦

	6	.3
−	2	.7
	3	.6

⑧

	9	
−	3	.4
	5	.6

5 ジュースが2.3Lありました。0.4L飲むとのこりは何Lですか。 (10点)

式 2.3−0.4=1.9

答え 1.9L

11 重 さ ①

学習日 月 日 名前

重さのたんいに **グラム** (g) があります。
1グラムを1gとかきます。

1円玉1この重さ

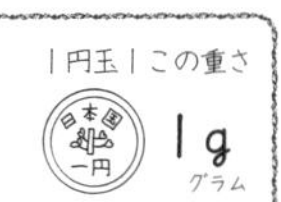

1g グラム

重さのたんいに **キログラム** (kg) があります。
1000gが1キログラムです。
人の体重はkgでいいます。
(赤ちゃんの体重はgでいいます。)

1000g=1kg

1kg キログラム

1 gのかき方を練習しましょう。

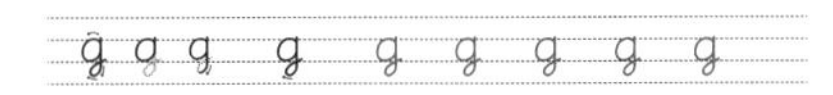

2 次の計算をしましょう。

① 8g+3g= 11 g

② 40g+20g= 60 g

③ 8g−4g= 4 g

④ 600g−400g= 200 g

3 kgのかき方を練習しましょう。

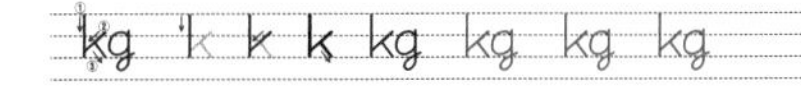

4 次の計算をしましょう。

① 4kg+3kg= 7 kg

② 80kg+40kg= 120 kg

③ 12kg−5kg= 7 kg

④ 800kg−600kg= 200 kg

11 重 さ ②

学習日 月 日 名前 色をぬろう わからない だいたいできた できた!

1 次のはかりのア〜オの重さは何gですか。

①

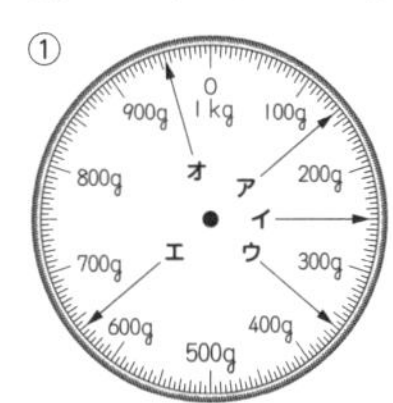

ア 140g
イ 250g
ウ 360g
エ 640g
オ 955g

②

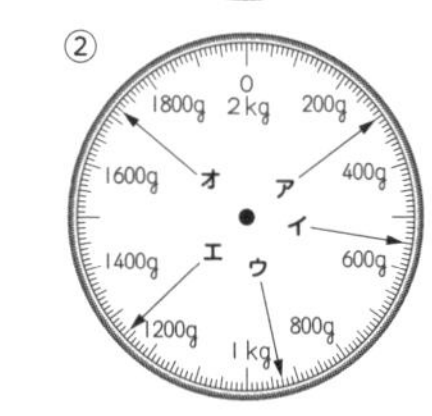

ア 300g
イ 550g
ウ 930g
エ 1260g
オ 1720g

2 ( )にあてはまるたんい(g、kg)をかきましょう。

① けしごむ 15 (g) ② ねこ 2 (kg)

③ ノート 110 (g) ④ すもうとり 180 (kg)

3 □にあてはまる数をかきましょう。

① 2kg= 2000 g

② 6000g= 6 kg

③ 7530g= 7 kg 530 g

4 体重45kgの谷口さんが、体重37kgの川島さんをせおってはかりにのると、はりは何kgをさしますか。

式 45+37=82

答え 82kg

5 かごにみかんを入れて、重さをはかりました。1kg250gでした。みかんだけをはかると900gでした。かごの重さは何gですか。

式 1250−900=350

答え 350g

11 重 さ ③

学習日 月 日 名前

1000kgを1t(トン)といい、大きな重さを表すときに使います。

1 □にあてはまる数をかきましょう。

① 3000kg= 3 t

② 7000kg= 7 t

③ 4t= 4000 kg

④ 9t= 9000 kg

⑤ 10000kg= 10 t

⑥ 16000kg= 16 t

⑦ 12t= 12000 kg

⑧ 34t= 34000 kg

2 重たいものを集めました。

小型乗用車 やく1t

かば やく4t

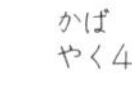

インドゾウ やく5t

アフリカゾウ やく12t

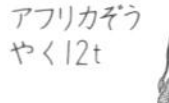

ほおじろざめ やく2t

しゃち やく10t

① かばとインドゾウの重さをくらべて、□に記号(<、>)をかきましょう。

かばの重さ < インドゾウの重さ

② アフリカゾウとしゃちの重さをくらべて、□に記号(<、>)をかきましょう。

アフリカゾウの重さ > しゃちの重さ

③ かばは、ほおじろざめの何倍の重さですか。

答え 2倍

④ インドゾウは、小型乗用車の何倍の重さですか。

答え 5倍

11 重　さ ④ まとめ

1 □に数をかきましょう。（1つ10点）

① 2kg 230g ＝ 2230 g

② 4600g ＝ 4 kg 600 g

③ 5t ＝ 5000 kg

2 次の重さを表すところに、はかりに → のはりをかきましょう。（1つ10点）

① 450g　② 3kg600g

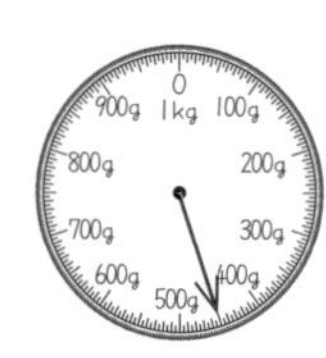

3 重さのたんいをかきましょう。（1つ10点）

① たまご１この重さ……60 g

② 妹の体重……23 kg

③ トラックの重さ……7 t

4 荷物が入ったかばんの重さをはかりました。1kg700g ありました。かばんだけの重さをはかると800gでした。荷物の重さは何gですか。（20点）

式 1700−800＝900

答え 900g

12 分　数 ①

コップに入った水を1Lますに入れました。

同じコップ4はい分入れるとちょうど1Lになりました。1ぱい分の水のかさを$\frac{1}{4}$Lとかいて、「**4分の1リットル**」と読みます。

1Lますを4つに分けたうちの1つを$\frac{1}{4}$Lと表します。

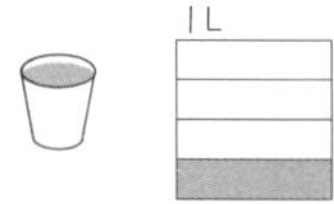

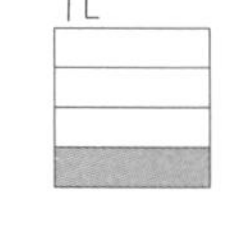

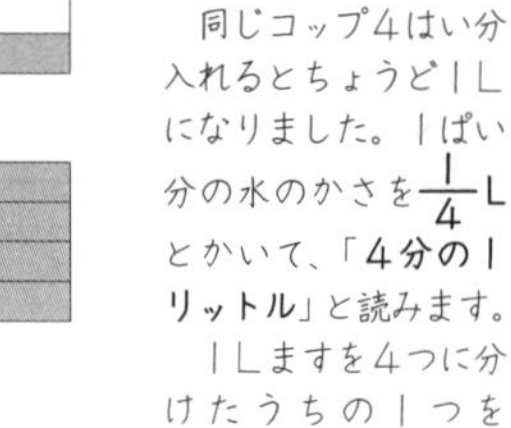

1 次の水のかさを分数で表しましょう。

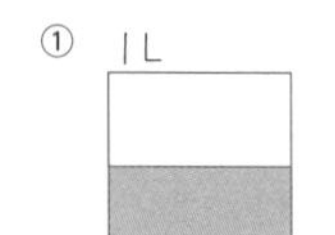

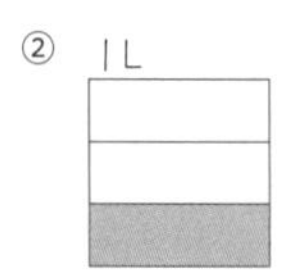

① （$\frac{1}{2}$ L）　② （$\frac{1}{3}$ L）

2 次の水のかさを分数で表しましょう。

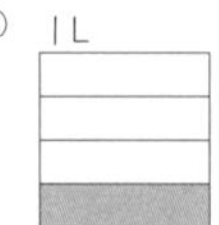

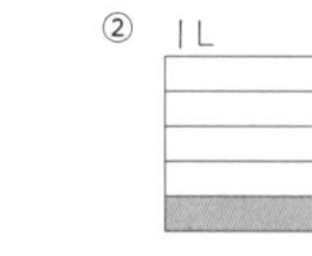

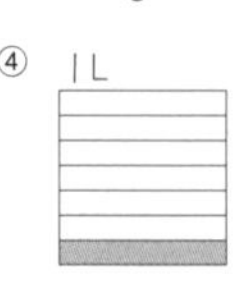

① （$\frac{1}{4}$ L）　② （$\frac{1}{5}$ L）

③ （$\frac{1}{6}$ L）　④ （$\frac{1}{7}$ L）

⑤ （$\frac{1}{8}$ L）　⑥ （$\frac{1}{10}$ L）

12 分　数 ②

1 次のテープの長さを分数で表しましょう。

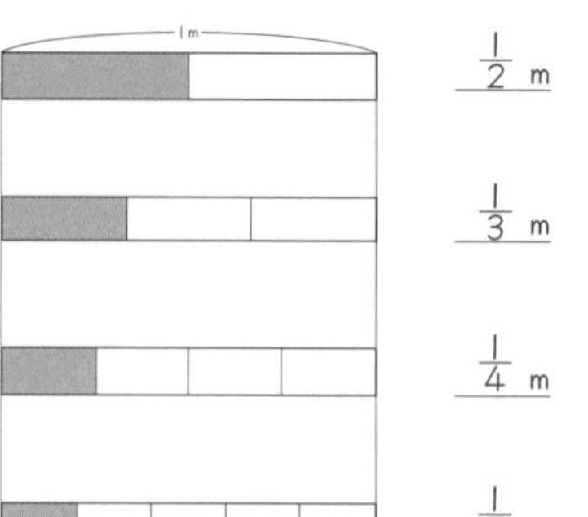

① $\frac{1}{2}$ m　② $\frac{1}{3}$ m　③ $\frac{1}{4}$ m　④ $\frac{1}{5}$ m　⑤ $\frac{1}{6}$ m　⑥ $\frac{1}{8}$ m

2 次の長さの分だけテープに色をぬりましょう。

① $\frac{1}{5}$m　② $\frac{1}{2}$m　③ $\frac{1}{7}$m　④ $\frac{1}{4}$m　⑤ $\frac{1}{10}$m　⑥ $\frac{1}{3}$m

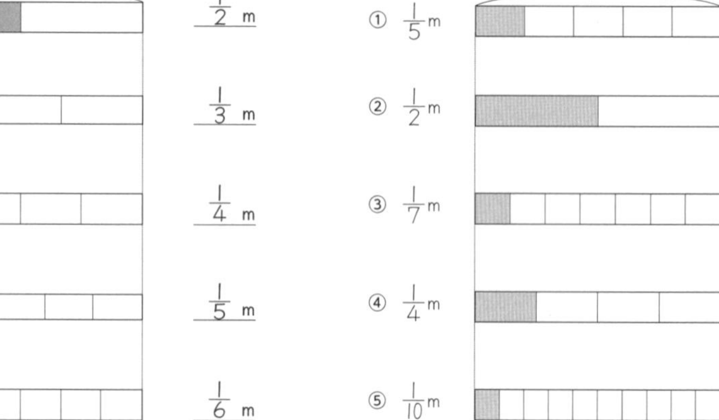

12 分　数 ③

$\frac{2}{7}+\frac{3}{7}$ の計算は、次のようになります。

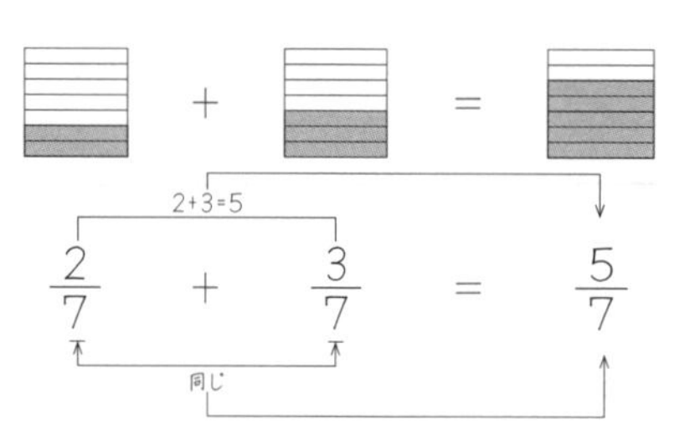

$\frac{2}{7}+\frac{3}{7}=\frac{5}{7}$

分母が同じ分数のたし算は

① 分母 … 同じ分母
② 分子 … 分子どうしのたし算

になります。

1 次の計算をしましょう。

① $\frac{1}{5}+\frac{2}{5}=\frac{3}{5}$

② $\frac{1}{6}+\frac{3}{6}=\frac{4}{6}$

③ $\frac{4}{9}+\frac{4}{9}=\frac{8}{9}$

④ $\frac{1}{8}+\frac{6}{8}=\frac{7}{8}$

⑤ $\frac{3}{7}+\frac{3}{7}=\frac{6}{7}$

⑥ $\frac{4}{10}+\frac{3}{10}=\frac{7}{10}$

⑦ $\frac{1}{9}+\frac{4}{9}=\frac{5}{9}$

12 分　数 ④

学習日　月　日　名前

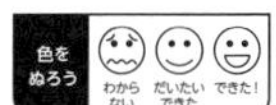

$\frac{5}{7}-\frac{2}{7}$ の計算は、次のようになります。

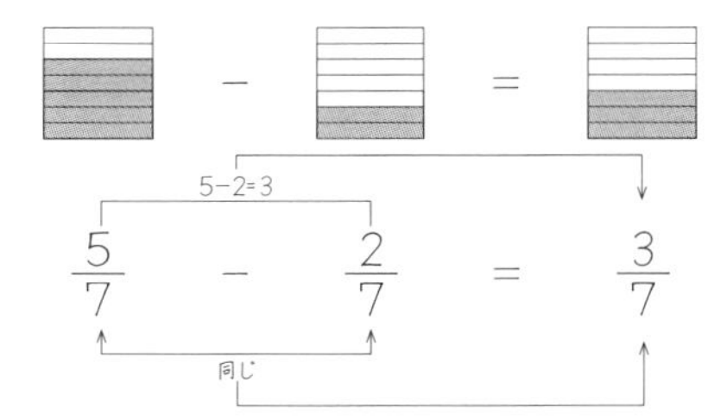

$$\frac{5}{7}-\frac{2}{7}=\frac{3}{7}$$

分母が同じ分数のひき算は

① 分母 … 同じ分母
② 分子 … 分子どうしのひき算

になります。

1 次の計算をしましょう。

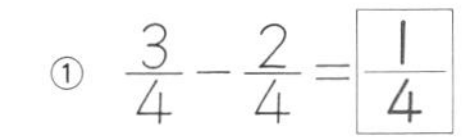

① $\frac{3}{4}-\frac{2}{4}=\frac{1}{4}$

② $\frac{4}{6}-\frac{3}{6}=\frac{1}{6}$

③ $\frac{5}{7}-\frac{3}{7}=\frac{2}{7}$

④ $\frac{6}{9}-\frac{4}{9}=\frac{2}{9}$

⑤ $\frac{3}{5}-\frac{1}{5}=\frac{2}{5}$

⑥ $\frac{7}{8}-\frac{5}{8}=\frac{2}{8}$

⑦ $\frac{7}{10}-\frac{4}{10}=\frac{3}{10}$

12 分　数 ⑤

学習日　月　日　名前

1 どちらの数が大きいですか。大きい方に○をつけましょう。

① $\frac{1}{3}$　$\frac{2}{3}$　（　）（○）

② $\frac{5}{7}$　$\frac{4}{7}$　（○）（　）

③ $\frac{3}{4}$　$\frac{1}{4}$　（○）（　）

④ $\frac{1}{5}$　$\frac{4}{5}$　（　）（○）

⑤ $\frac{5}{8}$　$\frac{3}{8}$　（○）（　）

⑥ $\frac{1}{10}$　$\frac{3}{10}$　（　）（○）

2 大きいじゅんにならべましょう。

① $\frac{3}{7}, \frac{5}{7}, \frac{1}{7}, \frac{2}{7}$　　$\frac{5}{7}, \frac{3}{7}, \frac{2}{7}, \frac{1}{7}$

② $1, \frac{2}{5}, \frac{1}{5}, \frac{4}{5}$　　$1, \frac{4}{5}, \frac{2}{5}, \frac{1}{5}$

3 分母が10の分数を数直線に表して、小数とくらべました。

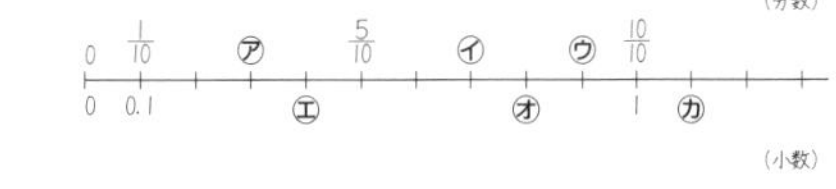

① ア、イ、ウにあてはまる分数は何ですか。

ア $\frac{3}{10}$　イ $\frac{7}{10}$　ウ $\frac{9}{10}$

② エ、オ、カにあてはまる小数は何ですか。

エ 0.4　オ 0.8　カ 1.1

4 次の小数を分母が10の分数で表しましょう。

① $0.1=\frac{1}{10}$　② $0.3=\frac{3}{10}$

③ $0.7=\frac{7}{10}$　④ $1.1=\frac{11}{10}$

13 □を使った式 ①

学習日　月　日　名前

1 次の文を読んで式をかきましょう。

① えんぴつを12本持っていました。兄から□本もらったので、全部で18本になりました。

式 12＋□＝18

② えんぴつを□本持っていました。弟に3本あげたので、のこりは9本になりました。

式 □−3＝9

③ えんぴつが□本ずつ入った箱が3こあります。えんぴつは全部で36本ありました。

式 □×3＝36

④ 30本のえんぴつを、1人□本ずつわたすと6人に配れました。

式 30÷□＝6

2 次の文を読んで式をかきましょう。

① えんぴつを13本持っていました。兄から□本もらったので全部で20本になりました。

式 13＋□＝20

② えんぴつを□本持っていました。弟に5本あげたので、のこりは11本になりました。

式 □−5＝11

③ えんぴつが□本ずつ入った箱が4こあります。えんぴつは全部で40本ありました。

式 □×4＝40

④ 42本のえんぴつを、1人□本ずつわたすと7人に配れました。

式 42÷□＝7

13 □を使った式 ②

学習日　月　日　名前

1 花のカードを24まい持っていました。兄から何まいかもらったので、30まいになりました。

① もらったカードを□まいとして、たし算の式をかきましょう。

式 24＋□＝30

② □の数を計算でもとめましょう。

式 30−24＝6　　答え 6まい

2 色紙を35まい持っていました。姉から何まいかもらったので、45まいになりました。

① もらった色紙を□まいとして、たし算の式をかきましょう。

式 35＋□＝45

② □の数を計算でもとめましょう。

式 45−35＝10　　答え 10まい

3 植物のカードを何まいか持っていました。妹に12まいあげたので、28まいになりました。

① 持っていたカードを□まいとして、ひき算の式をかきましょう。

式 □−12＝28

② □の数を計算でもとめましょう。

式 28＋12＝40　　答え 40まい

4 動物のカードを何まいか持っていました。弟に14まいあげたので、26まいになりました。

① 持っていたカードを□まいとして、ひき算の式をかきましょう。

式 □−14＝26

② □の数を計算でもとめましょう。

式 26＋14＝40　　答え 40まい

13 □を使った式 ③

学習日 月 日 名前

色をぬろう わからない だいたいできた できた!

1 あめが、同じ数ずつ入ったふくろが5ふくろあります。あめは全部で40こです。

① 1ふくろのあめを□こととして、かけ算の式をかきましょう。

式 □×5＝40

② □の数を計算でもとめましょう。

式 40÷5＝8

答え 8こ

2 クッキーが、同じ数ずつ入った箱が6箱あります。クッキーは全部で30こです。

① 1箱のクッキーを□こととして、かけ算の式をかきましょう。

式 □×6＝30

② □の数を計算でもとめましょう。

式 30÷6＝5

答え 5こ

3 35このももを、いくつかの箱に同じ数ずつ入れました。1箱分は7こになりました。

① 箱を□箱として、わり算の式をかきましょう。

式 35÷□＝7

② □の数を計算でもとめましょう。

式 35÷7＝5

答え 5箱

4 28まいのカードを、何人かに同じ数ずつ配りました。1人分は4まいになりました。

① 人の数を□人として、わり算の式をかきましょう。

式 28÷□＝4

② □の数を計算でもとめましょう。

式 28÷4＝7

答え 7人

13 □を使った式 ④

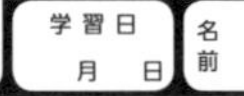
学習日 月 日 名前

色をぬろう わからない だいたいできた できた!

1 □にあてはまる数をもとめましょう。

① □＋8＝28

□は 28−8＝20

② □−5＝20

□は 20＋5＝25

③ 32−□＝12

□は 32−12＝20

④ 9×□＝72

□は 72÷9＝8

2 みかんが何こかありました。みんなで7こ食べたので12このこりました。

① はじめにあったみかんを□こととして、式をかきましょう。

式 □−7＝12

② □の数を計算でもとめましょう。

式 12＋7＝19

答え 19こ

3 カードを5まいずつ配ったら45まいいりました。

① 配った人数を□人として式をかきましょう。

式 5×□＝45

② □の数を計算でもとめましょう。

式 45÷5＝9

答え 9人

14 かけ算の筆算（×2けた）①

学習日 月 日 名前

色をぬろう わからない だいたいできた できた!

23×12 の計算をしてみましょう。

	2	3
×	1	2
	4	6
2	3	
2	7	6

←23×2 の計算

←23×1（23×10）の計算

←合計をする

1 次の計算をしましょう。

①

	3	2
×	2	3
	9	6
6	4	
7	3	6

②

	2	1
×	3	4
	8	4
6	3	
7	1	4

2 次の計算をしましょう。

①

	1	8
×	4	2
	3	6
7	2	
7	5	6

②

	3	7
×	2	4
1	4	8
7	4	
8	8	8

③

	2	7
×	3	5
1	3	5
8	1	
9	4	5

④

	3	6
×	2	3
1	0	8
7	2	
8	2	8

14 かけ算の筆算（×2けた）②

学習日 月 日 名前

色をぬろう わからない だいたいできた できた!

46×68 の計算をしてみましょう。

		4	6
	×	6	8
	3	6	8
2	7	6	
3	1	2	8

←46×8 の計算

←46×6（46×60）の計算

←合計をする

1 次の計算をしましょう。

①

		2	3
	×	8	7
	1	6	1
1	8	4	
2	0	0	1

②

		4	9
	×	4	8
	3	9	2
1	9	6	
2	3	5	2

2 次の計算をしましょう。

①

		6	5
	×	3	9
	5	8	5
1	9	5	
2	5	3	5

②

		8	7
	×	9	2
	1	7	4
7	8	3	
8	0	0	4

③

		9	4
	×	4	8
	7	5	2
3	7	6	
4	5	1	2

④

		3	7
	×	5	7
	2	5	9
1	8	5	
2	1	0	9

14 かけ算の筆算 (×2けた) ③

学習日 月 日 名前

色をぬろう わからない だいたいできた できた!

16×78 の計算をしてみましょう。

		1	6	
	×	7	8	
	1	2	8	←16×8 の計算
1	1	2		←16×7 (16×70) の計算
1	2	4	8	←合計をする

1 次の計算をしましょう。

①

		6	7
	×	3	6
	4	0	2
2	0	1	
2	4	1	2

②

		2	6
	×	4	8
	2	0	8
1	0	4	
1	2	4	8

2 次の計算をしましょう。

①

		6	8
	×	8	3
	2	0	4
5	4	4	
5	6	4	4

②

		3	7
	×	6	3
	1	1	1
2	2	2	
2	3	3	1

③

		7	5
	×	4	8
	6	0	0
3	0	0	
3	6	0	0

④

		1	3
	×	8	9
	1	1	7
1	0	4	
1	1	5	7

89

14 かけ算の筆算 (×2けた) ④

学習日 月 日 名前

1 1こ64円のかきを36こ買いました。代金は何円ですか。

式 64×36＝2304

		6	4
	×	3	6
	3	8	4
1	9	2	
2	3	0	4

答え 2304円

2 1箱36こ入りのみかんが48箱あります。みかんは全部で何こありますか。

式 36×48＝1728

		3	6
	×	4	8
	2	8	8
1	4	4	
1	7	2	8

答え 1728こ

3 ビー玉を28こずつ入れたふくろが、48ふくろあります。ビー玉は全部で何こですか。

式 28×48＝1344

		2	8
	×	4	8
	2	2	4
1	1	2	
1	3	4	4

答え 1344こ

4 1たば75まいの色紙が、84たばあります。色紙は全部で何まいですか。

式 75×84＝6300

		7	5
	×	8	4
	3	0	0
6	0	0	
6	3	0	0

答え 6300まい

90

14 かけ算の筆算 (×2けた) ⑤

学習日 月 日 名前

色をぬろう わからない だいたいできた できた!

123×21 の計算をしてみましょう。

	1	2	3	
×		2	1	
	1	2	3	←123×1 の計算
2	4	6		←123×2 (123×20) の計算
2	5	8	3	←合計をする

1 次の計算をしましょう。

①

	2	2	1
×		4	3
	6	6	3
8	8	4	
9	5	0	3

②

	3	2	3
×		2	3
	9	6	9
6	4	6	
7	4	2	9

2 次の計算をしましょう。

①

	2	3	4
×		4	1
	2	3	4
9	3	6	
9	5	9	4

②

	4	2	6
×		2	3
1	2	7	8
8	5	2	
9	7	9	8

③

	2	5	4
×		2	6
1	5	2	4
5	0	8	
6	6	0	4

④

	3	2	6
×		2	6
1	9	5	6
6	5	2	
8	4	7	6

91

14 かけ算の筆算 (×2けた) ⑥

学習日 月 日 名前

色をぬろう わからない だいたいできた できた!

1 次の計算をしましょう。

①

	1	0	3
×		2	3
	3	0	9
2	0	6	
2	3	6	9

②

	4	0	2
×		2	4
1	6	0	8
8	0	4	
9	6	4	8

③

	2	0	8
×		4	2
	4	1	6
8	3	2	
8	7	3	6

④

	3	0	6
×		2	7
2	1	4	2
6	1	2	
8	2	6	2

2 次の計算をしましょう。

①

	2	6	0
×		3	2
	5	2	0
7	8	0	
8	3	2	0

②

	4	3	0
×		2	3
1	2	9	0
8	6	0	
9	8	9	0

③

	2	0	0
×		4	3
	6	0	0
8	0	0	
8	6	0	0

④

	3	0	0
×		2	5
1	5	0	0
6	0	0	
7	5	0	0

92

14 かけ算の筆算（×2けた）⑦

学習日　月　日　名前

色をぬろう　わからない　だいたいできた　できた！

1 次の計算をしましょう。

①	②	③	④
864	725	204	804
× 49	× 35	× 53	× 72
7776	3625	612	1608
3456	2175	1020	5628
42336	25375	10812	57888

2 次の計算をしましょう。

①	②	③	④
189	278	777	888
× 67	× 98	× 74	× 67
1323	2224	3108	6216
1134	2502	5439	5328
12663	27244	57498	59496

15 三角形 ①

学習日　月　日　名前

色をぬろう　わからない　だいたいできた　できた！

2つの辺の長さが等しい三角形を **二等辺三角形** といいます。

1 次の三角形の中から、二等辺三角形を見つけて、記号で答えましょう。

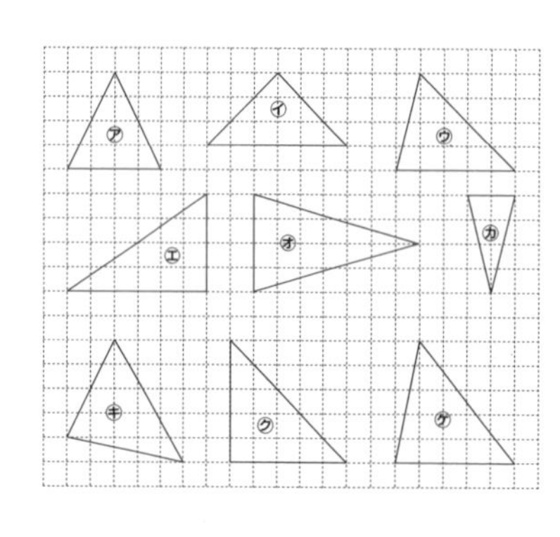

答え　㋐ ㋑ ㋔ ㋕ ㋗

2 コンパスを使って、等しい辺の長さが5cmの二等辺三角形をかきましょう。

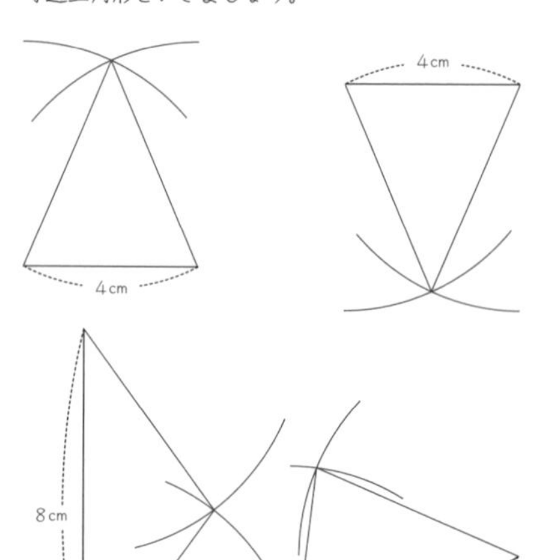

14 かけ算の筆算（×2けた）⑧ まとめ

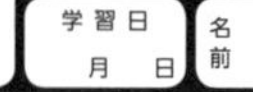

学習日　月　日

名前

ごうかく 80〜100 点

1 □にあてはまる数をかきましょう。（□1つ10点）

① 65×40 の答えは [65] × [4] の答えを10倍した数です。

② 80×30 の答えは、8×3の答えを [100] 倍した数です。

③ 24×36 の答えは、24×30 の答えと 24× [6] の答えをたした数です。

④ 185× [42] の答えは、185×40 と 185×2 の答えをたした数です。

2 下の計算はどこがまちがっていますか。正しい答えになおしましょう。（10点）

まちがい		正しい答え
38		38
× 56		× 56
228	⇒	228
190		190
418		2128

3 次の計算をしましょう。（1つ10点）

①	②	③	④
99	36	853	579
× 43	× 69	× 87	× 97
297	324	5971	4053
396	216	6824	5211
4257	2484	74211	56163

15 三角形 ②

学習日　月　日　名前

色をぬろう　わからない　だいたいできた　できた！

3つの辺の長さが等しい三角形を **正三角形** といいます。

1 次の三角形の中から、正三角形を見つけて、記号で答えましょう。

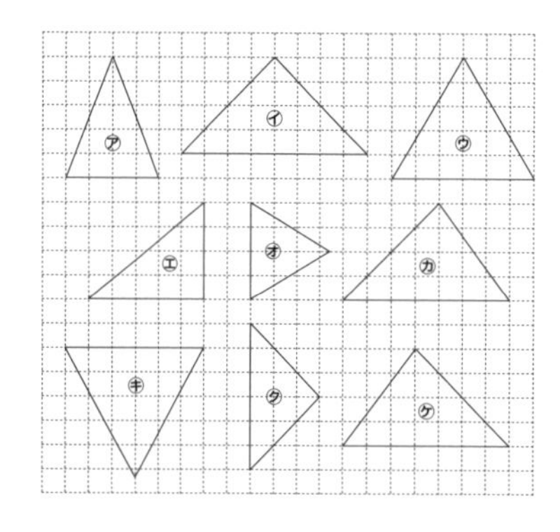

答え　㋒ ㋔ ㋖

2 コンパスを使って、正三角形をかきましょう。

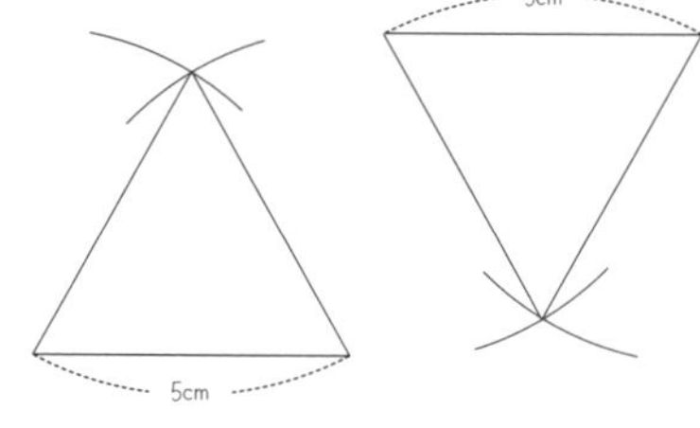

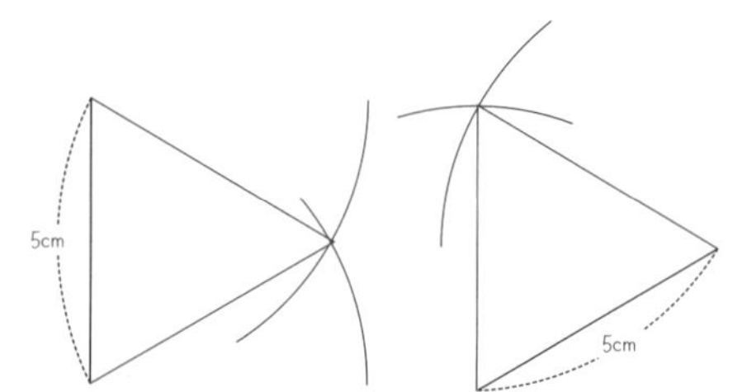

15 三角形 ③

学習日　月　日　名前

図のように、１つのちょう点からでている２つの辺のつくる形を**角** といいます。
角あと角いをくらべると、角いの方が大きくなります。

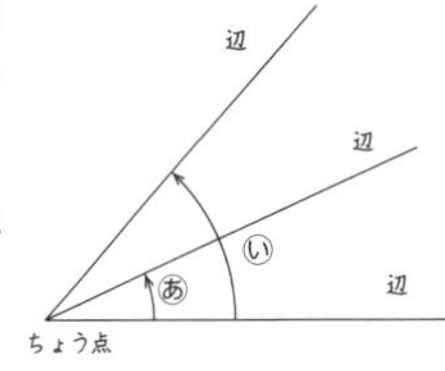

1 三角じょうぎの角について答えましょう。

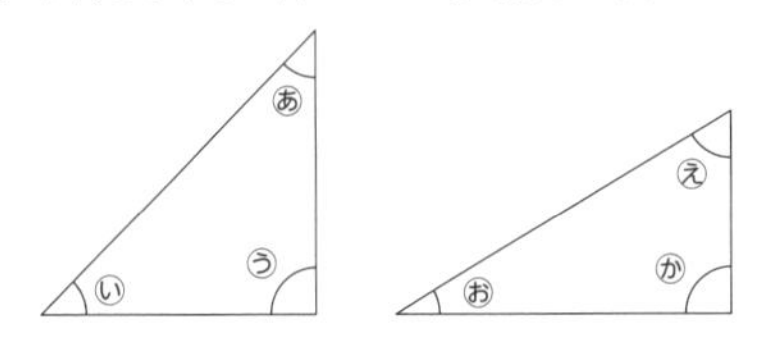

① 直角になっている角は、どれとどれですか。

答え 角う、角か

② あ～かの角のうち、いちばん小さい角はどれですか。

答え 角お

2 三角じょうぎを２まいならべています。それぞれできた三角形の名前をかきましょう。

①

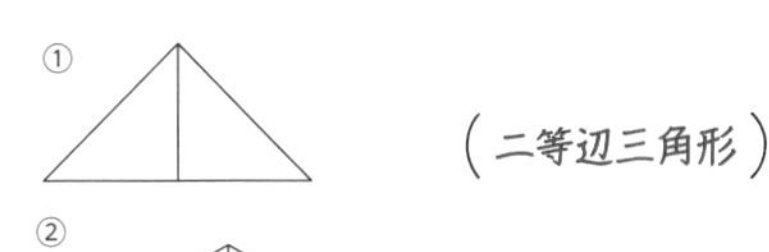

（二等辺三角形）

②

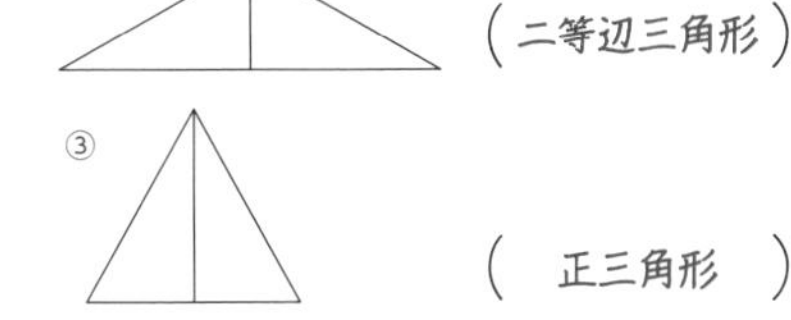

（二等辺三角形）

③

（ 正三角形 ）

3 次の三角形は、どんな名前の三角形ですか。

① ２つの辺の長さが等しい三角形。

（二等辺三角形）

② ３つの辺の長さが等しい三角形。

（ 正三角形 ）

15 三角形 ④

学習日　月　日　名前

1 円の中心やまわりの点を使って二等辺三角形や正三角形をかきましょう。

（れい）

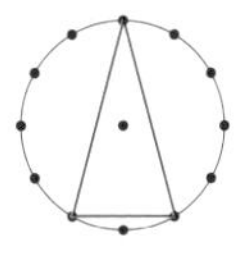

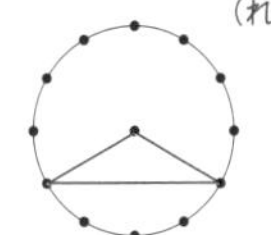

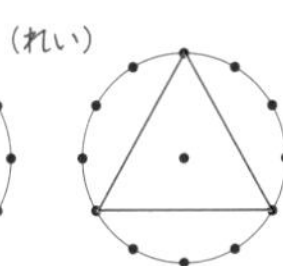

2 図の２つの円は半径２cmで、**ア**と**イ**は円の中心です。

① 三角形**アイウ**は、何という三角形ですか。

（ 正三角形 ）

② 三角形**アイエ**は、何という三角形ですか。

（二等辺三角形）

二等辺三角形を２つにおりました。すると、２つの角がぴったり重なりました。二等辺三角形の２つの角の大きさは等しくなります。

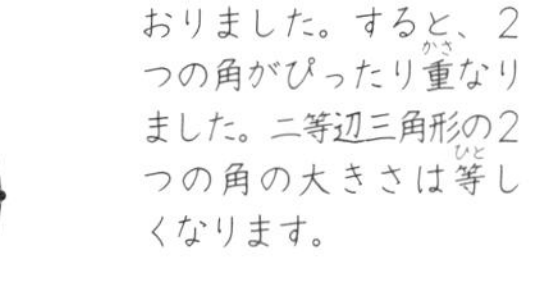

正三角形を２つにおりました。どちらのときも、２つの角がぴったり重なりました。正三角形の３つの角の大きさは等しくなります。

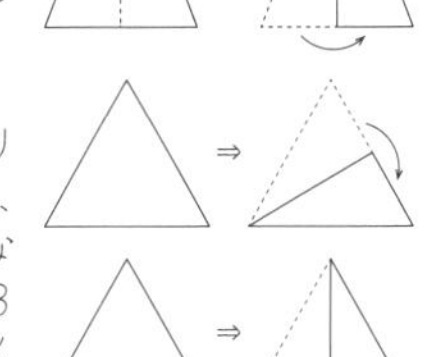

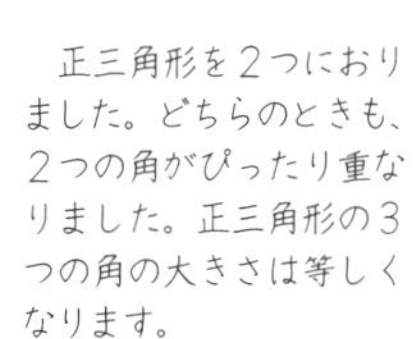

3 次の三角形は、どんな名前の三角形ですか。

① ３つの角が等しい三角形。

（ 正三角形 ）

② ２つの角が等しい三角形。

（二等辺三角形）

15 三角形 ⑤ まとめ

学習日　月　日　名前

1 □にあてはまる数をかきましょう。（□１つ５点）

二等辺三角形は［2］つの辺の長さが等しく、［2］つの角の大きさが等しい三角形です。

正三角形は［3］つの辺の長さが等しく、［3］つの角の大きさが等しい三角形です。

2 次の三角形をかきましょう。（１つ20点）

① 辺の長さがどれも４cmの三角形

② 辺の長さが３cm、６cm、６cmの三角形

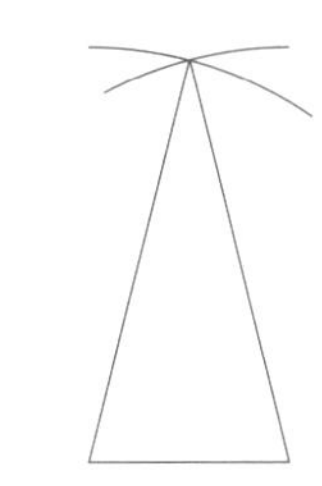

3 次の角を大きいじゅんにかきましょう。（20点）

（ イ、ウ、エ、ア ）

4 おり紙で三角形を作ります。なんという三角形ができますか。（１つ10点）

①

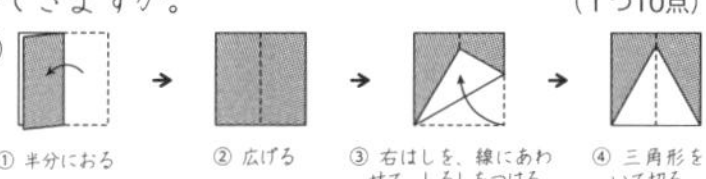

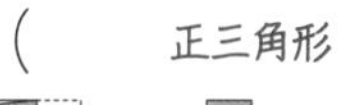

（ 正三角形 ）

②

（ 二等辺三角形 ）

16 表とグラフ ①

学習日　月　日　名前

1 りんご、みかん、いちご、メロンの中から、すきなものを１人１つずつかきました。

りんご	みかん	いちご	メロン	メロン
みかん	いちご	メロン	いちご	いちご
りんご	メロン	メロン	いちご	りんご
メロン	メロン	いちご	りんご	メロン
メロン	いちご	メロン	いちご	メロン

① すきなくだものを「正」の字をかいて数えましょう。

くだもの	正の字	数
りんご	正(4画)	4
みかん	正(2画)	2
いちご	正 正(3画)	8
メロン	正 正 正(1画)	11

② 何人がかきましたか。

答え 25人

2 **1**の①を使って、ぼうグラフに表します。

① ぼうグラフのたての１目もりは何人を表していますか。

答え １人

② 一番多いのは何ですか。

答え メロン

③ 一番少ないのは何ですか。

答え みかん

④ メロンといちごの数のちがいはいくつですか。

答え ３つ

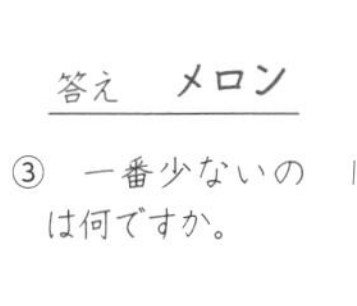

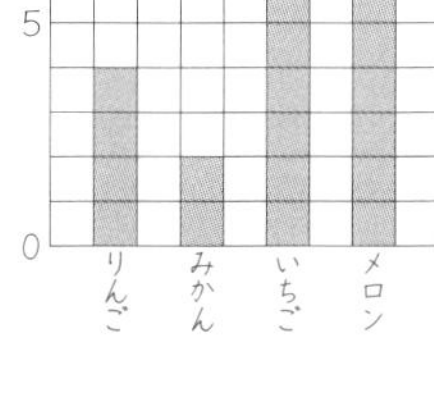

16 表とグラフ ②

学習日　月　日　名前

1 デパート前の大通りを、10時から10時10分までに通った乗り物を調べると、次のようになりました。

乗用車	正 正 下	オートバイ	正 T
バス	正 一	トラック	正 正
パトカー	T	ダンプカー	T

① 上の乗り物調べを表にしましょう。

乗り物調べ

しゅるい	乗用車	バス	オートバイ	トラック	その他
乗り物の数(台)	13	6	7	9	4

② その他は、何と何ですか。

答え　パトカーとダンプカー

③ 合計は何台ですか。

答え　39台

④ 数がもっとも多い乗り物は何ですか。

答え　乗用車

2 **1**の「乗り物調べ」の表を、ぼうグラフに表しましょう。

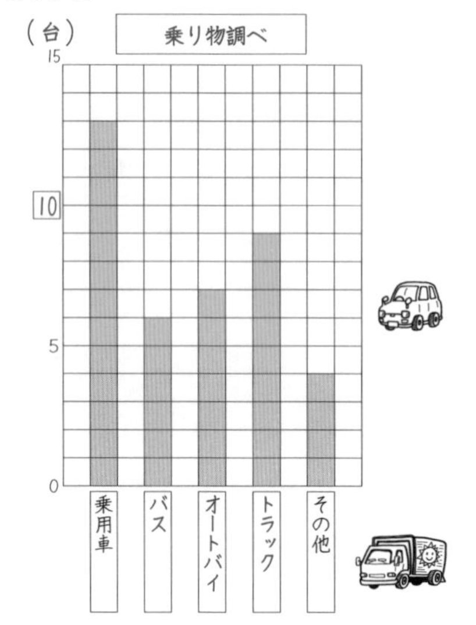

16 表とグラフ ③

学習日　月　日　名前

1 「乗り物調べ」の表を、ぼうグラフに表しました。

乗り物調べ

しゅるい	乗用車	バス	オートバイ	トラック	その他	合計
乗り物の数(台)	13	6	7	9	4	39

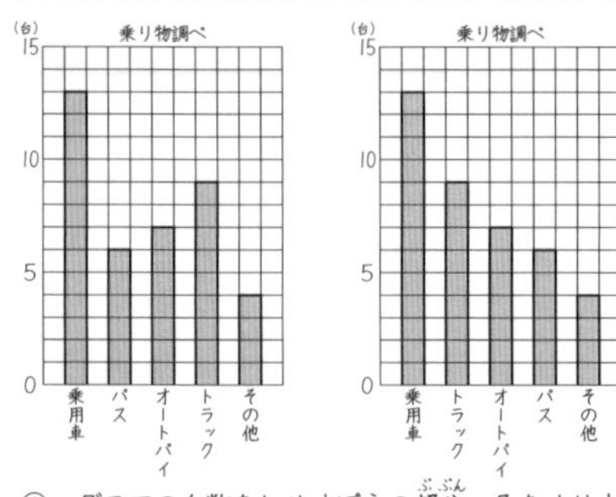

① グラフの台数をしめすぼうの部分に色をぬりましょう。

② 右のグラフは、左のグラフをならべかえました。台数の多いじゅん、少ないじゅんのどちらですか。

答え　多いじゅん

2 3年生62人全員で「すきな動物調べ」をしました。

すきな動物調べ

動物	ぞう	きりん	とら	さる	その他	合計
人数(人)	14	15	11	12	10	62

人数の多いじゅんに、ぼうグラフで表しましょう。

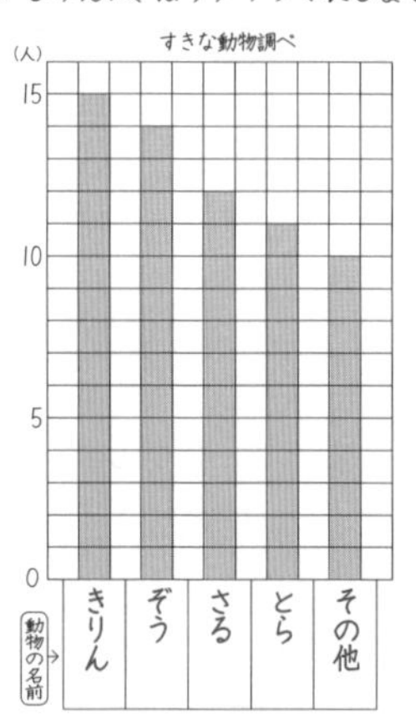

16 表とグラフ ④

学習日　月　日　名前

1 岩田さんが4日間、読書した時間のぼうグラフです。

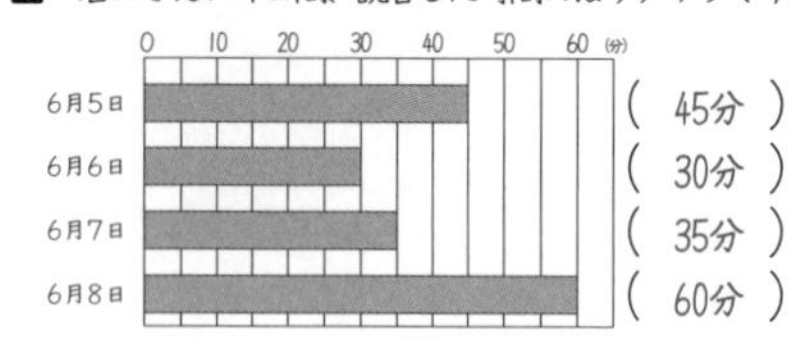

① 1目もりは、何分を表していますか。

答え　5分

② それぞれの日の読書した時間を(　)にかきましょう。

2 すきな色調べの表を、多いじゅんにならべかえましょう。

色	赤	青	黄	みどり	ピンク	その他
人数(人)	10	11	4	7	5	3

⇓

色	青	赤	みどり	ピンク	黄	その他
人数(人)	11	10	7	5	4	3

3 **2**の表を使って、ぼうグラフをかきましょう。

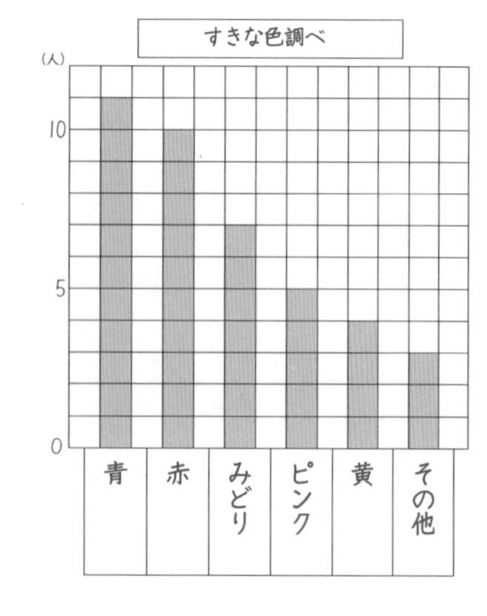

16 表とグラフ ⑤

学習日　月　日　名前

1 里山小学校で、9月にけがをした人数をけがのしゅるいべつに表にしました。
㋐〜㋘にあてはまる数をかきましょう。

けが調べ(9月)　(人)

しゅるい＼月	1年	2年	3年	4年	5年	6年	合計
きりきず	2	3	2	3	4	㋕	17
すりきず	㋐	5	3	5	㋔	5	25
うちみ	1	2	3	㋓	2	6	㋗
その他	2	㋑	2	1	2	㋖	10
合計	9	13	㋒	13	11	14	㋘

㋐(4)　㋑(3)
㋒(10)　㋓(4)
㋔(3)　㋕(3)
㋖(0)　㋗(18)
㋘(70)

2 1号車、2号車、3号車に乗っている人の男女べつ人数を表にしました。

① ㋐〜㋕にあてはまる数をかきましょう。

号車ごとの男女の人数　(人)

	1号車	2号車	3号車	合計
男	20	㋒	㋓	59
女	25	㋑	26	㋔
合計	㋐	43	44	㋕

㋐(45)　㋑(22)
㋒(21)　㋓(18)
㋔(73)　㋕(132)

② ㋕は、何を表していますか。

答え　全員の数

17 特別ゼミ 九九の表

学習日　月　日　名前

色をぬろう　わからない　だいたいできた　できた！

1 下のマス目は、九九の表の一部分を切り取ったものです。あいているマス目に、答えになる数をかきましょう。

①

2	3
4	6

②

8	10
12	15

③

32	40
36	45

④

3	6	9
4	8	12

⑤

5	6	7
10	12	14

⑥

28	32	36
35	40	45

⑦

10	15	20
12	18	24

⑧

9	12	15
12	16	20

⑨

18	24
21	28
24	32

⑩

35	42
40	48
45	54

⑪

12	16	20
	20	
18	24	30

⑫

36		48
42	49	56
48		64

17 特別ゼミ 点を数える ①

学習日　月　日　名前

1 点（・）の数をかけ算の式を使ってもとめましょう。

①

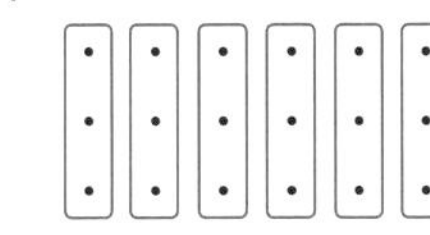

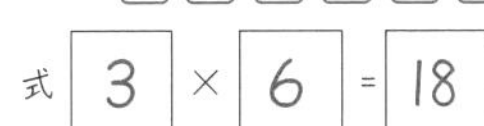

式 3 × 6 = 18

②

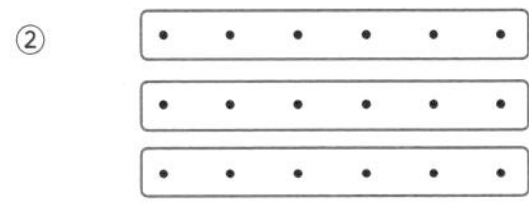

式 6 × 3 = 18

③

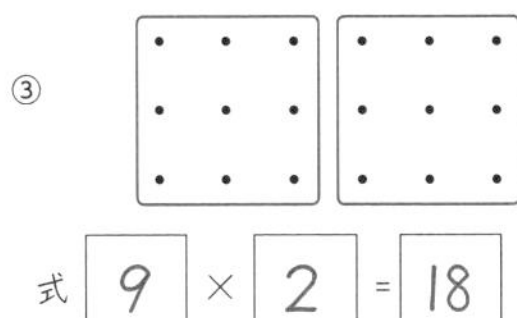

式 9 × 2 = 18

2 点（・）の数をかけ算の式を使ってもとめましょう。

① 6つに分けて求めましょう。

式 6 × 6 = 36

② 4つに分けて求めましょう。

式 9 × 4 = 36

③ 9つに分けて求めましょう。

式 4 × 9 = 36

17 特別ゼミ 点を数える ②

学習日　月　日　名前

1 点（・）の数をかけ算の式を使ってもとめましょう。

①

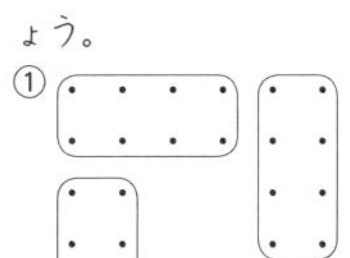

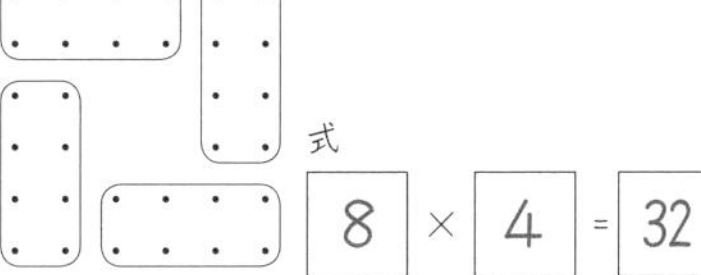

式 8 × 4 = 32

②

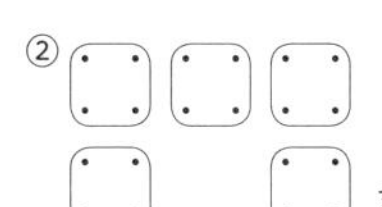

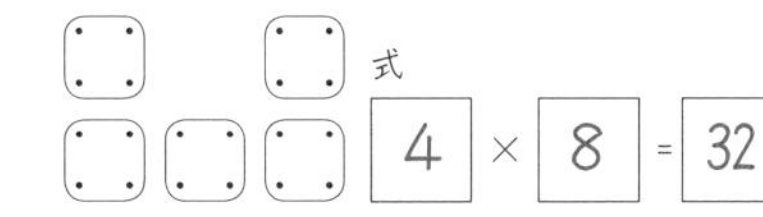

式 4 × 8 = 32

③

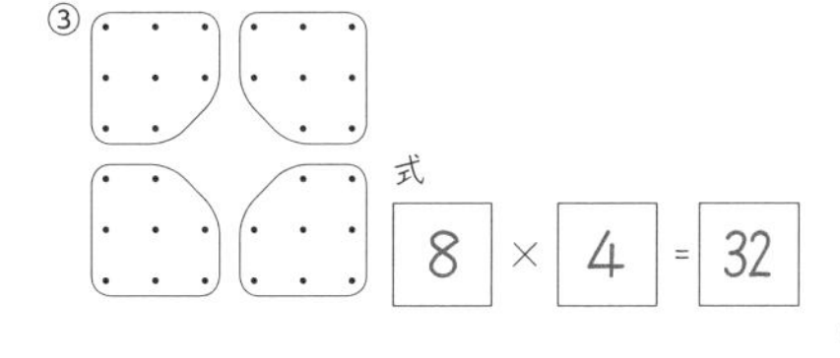

式 8 × 4 = 32

2 点（・）の数をもとめましょう。

①

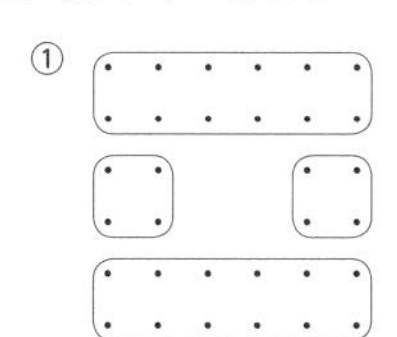

かけ算とたし算で

式 12 × 2 ＋ 4 × 2 = 32

②

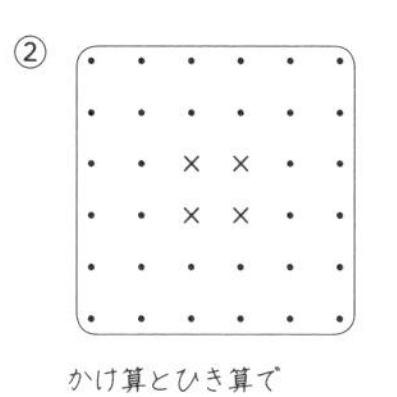

かけ算とひき算で

式 6 × 6 − 2 × 2 = 32

17 特別ゼミ 虫食い算

学習日　月　日　名前

1 □にあてはまる数をもとめましょう。

① 267 ＋ 214 = 481

② 588 ＋ 243 = 831

③ 865 − 437 = 428

④ 703 − 367 = 336

⑤ 67 × 8 = 536

⑥ 75 × 6 = 450

⑦ 476 × 5 = 2380

⑧ 354 × 9 = 3186

2 □にあてはまる数をもとめましょう。

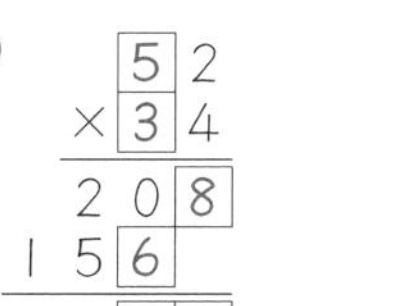

① 52 × 34 → 208, 156 → 1768

② 36 × 57 → 252, 180 → 2052

③ 47 × 54 → 188, 235 → 2538

④ 54 × 38 → 432, 162 → 2052

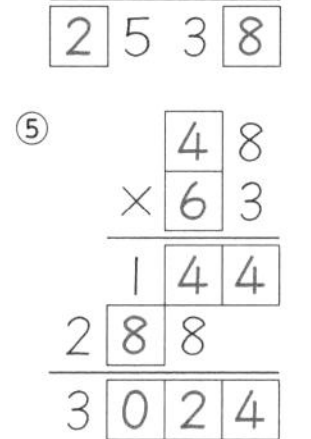

⑤ 48 × 63 → 144, 288 → 3024

⑥ 26 × 52 → 52, 130 → 1352

17 特別ゼミ 3けた×3けた

学習日　月　日　名前

色をぬろう　わからない　だいたいできた　できた!

465×397 の筆算のしかたを考えましょう。

			4	6	5	
		×	3	9	7	
		3	2	5	5	←465×7
	4	1	8	5		←465×90
1	3	9	5			←465×300
1	8	4	6	0	5	←合計をする

465×397 の計算は
465×7、465×90、465×300
の3つの計算をして、それぞれの位置にかきます。
それぞれの答えを合計してもとめます。

1 次の計算をしましょう。

①

			7	6	9
		×	7	5	4
		3	0	7	6
	3	8	4	5	
5	3	8	3		
5	7	9	8	2	6

②

			6	4	2
		×	4	7	8
		5	1	3	6
	4	4	9	4	
2	5	6	8		
3	0	6	8	7	6

17 特別ゼミ さいころの形 ①

学習日　月　日　名前

色をぬろう　わからない　だいたいできた　できた!

さいころの形には、6つの面があります。
下の図（展開図）を組み立てると、右のさいころの形になります。
このさいころの向きあう面の色は、同じ色になります。

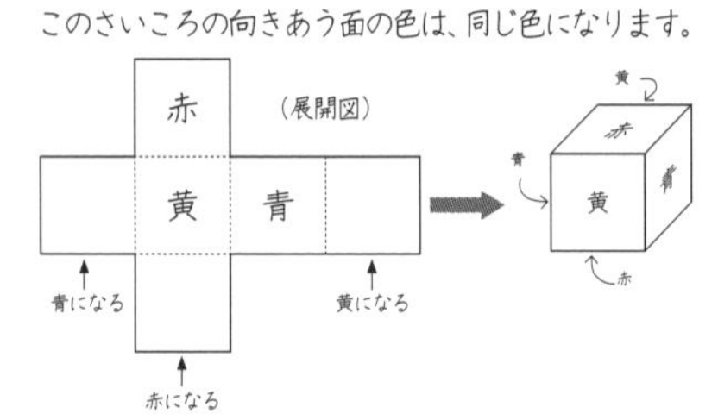

このさいころの面の色は、赤、黄、青の3つの面がわかれば、のこりの面の色はわかります。

1 次のさいころの展開図に、赤、黄、青をかきましょう。

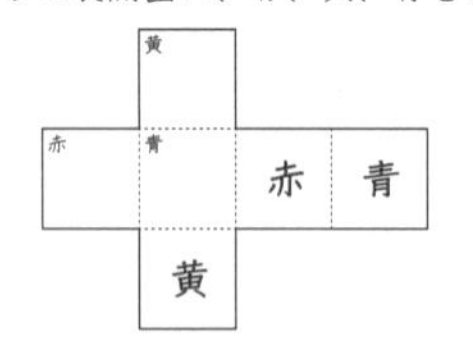

2 次の図もさいころの展開図です。6つの面に、赤、黄、青をかきましょう。

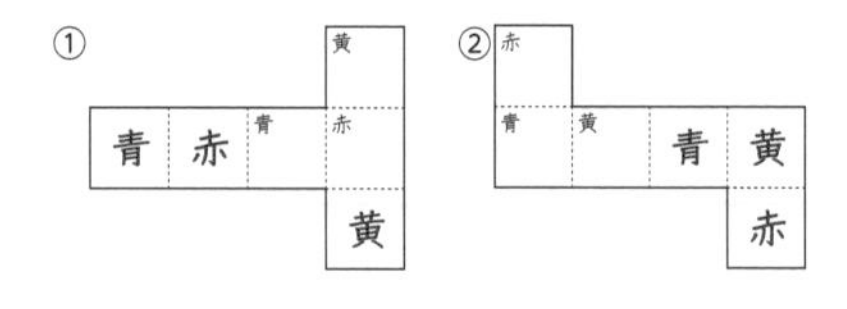

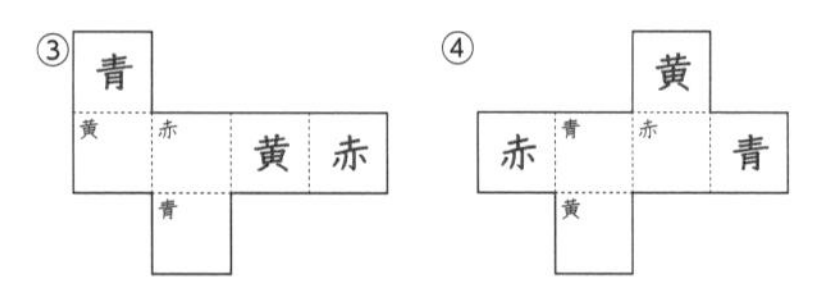

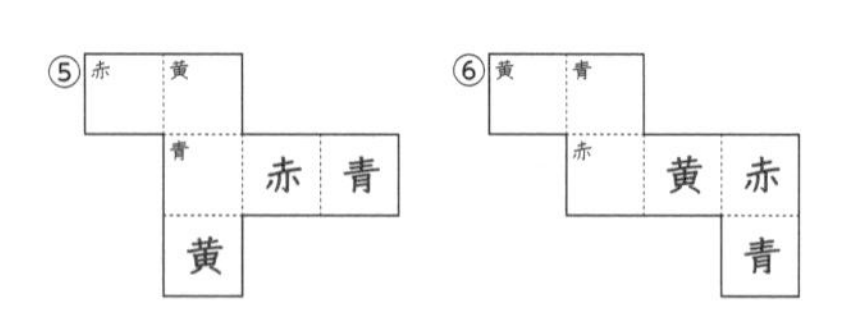

17 特別ゼミ さいころの形 ②

学習日　月　日　名前

色をぬろう　わからない　だいたいできた　できた!

さいころは、向かいあう面の目の数をたすと、7になります。
1と6、2と5、3と4です。（目の数を数字でかきかえます。）
左のさいころを切り開くと、下の図のようになります。
（さいころの形の展開図は、全部で11あります。）

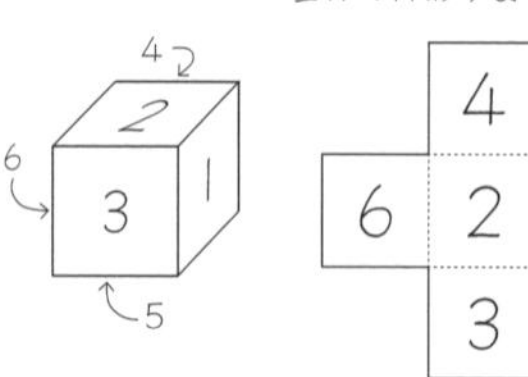

1 さいころの目の数は、一方がわかれば7－○でもとめられます。
右のさいころの展開図に、4、5、6をかき入れましょう。

	2		
4	6	3	1
	5		

2 次のさいころの展開図に、4、5、6をかき入れましょう。

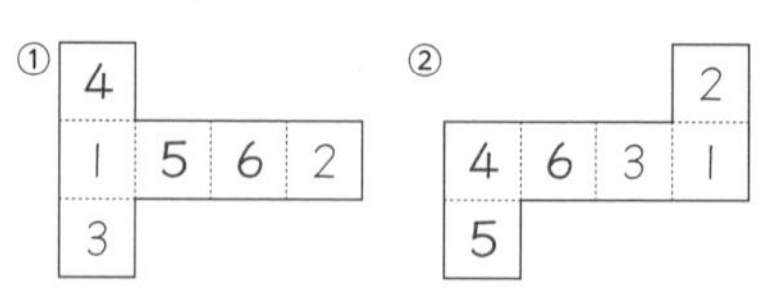

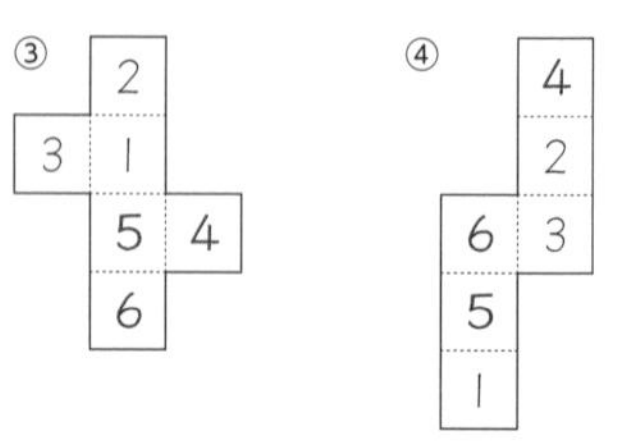

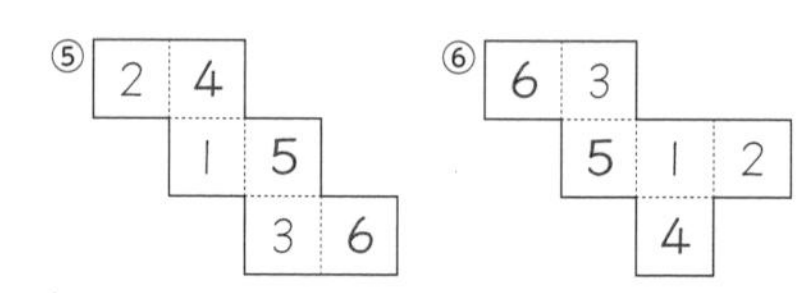

17 特別ゼミ まほうじん

学習日　月　日　名前

色をぬろう　わからない　だいたいできた　できた!

次のようにして、まほうじんを作ります。

2	3	4
1	5	9
6	7	8

Zのかたちに1〜9をかきます。2と8を入れかえます。

8	3	4	→15
1	5	9	→15
6	7	2	→15
15	15 15 15	15	

たて、横、ななめに3つずつ数をたして、15になります。

次のような1〜16の数を入れたものもまほうじんです。

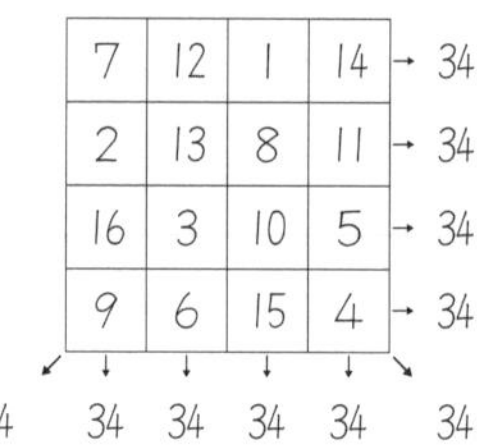

7	12	1	14	→ 34
2	13	8	11	→ 34
16	3	10	5	→ 34
9	6	15	4	→ 34
34 34	34	34	34	34

1 次のまほうじんのあいている□に数をかきましょう。

① たすと15

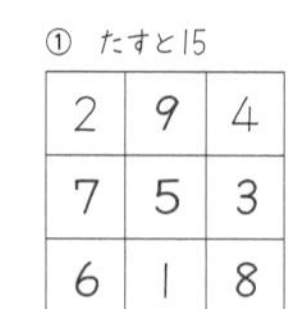

2	9	4
7	5	3
6	1	8

② たすと12

5	0	7
6	4	2
1	8	3

2 次のまほうじんのあいている□に数をかきましょう。

① たすと34

16	2	3	13
5	11	10	8
9	7	6	12
4	14	15	1

② たすと30

0	14	13	3
11	5	6	8
7	9	10	4
12	2	1	15

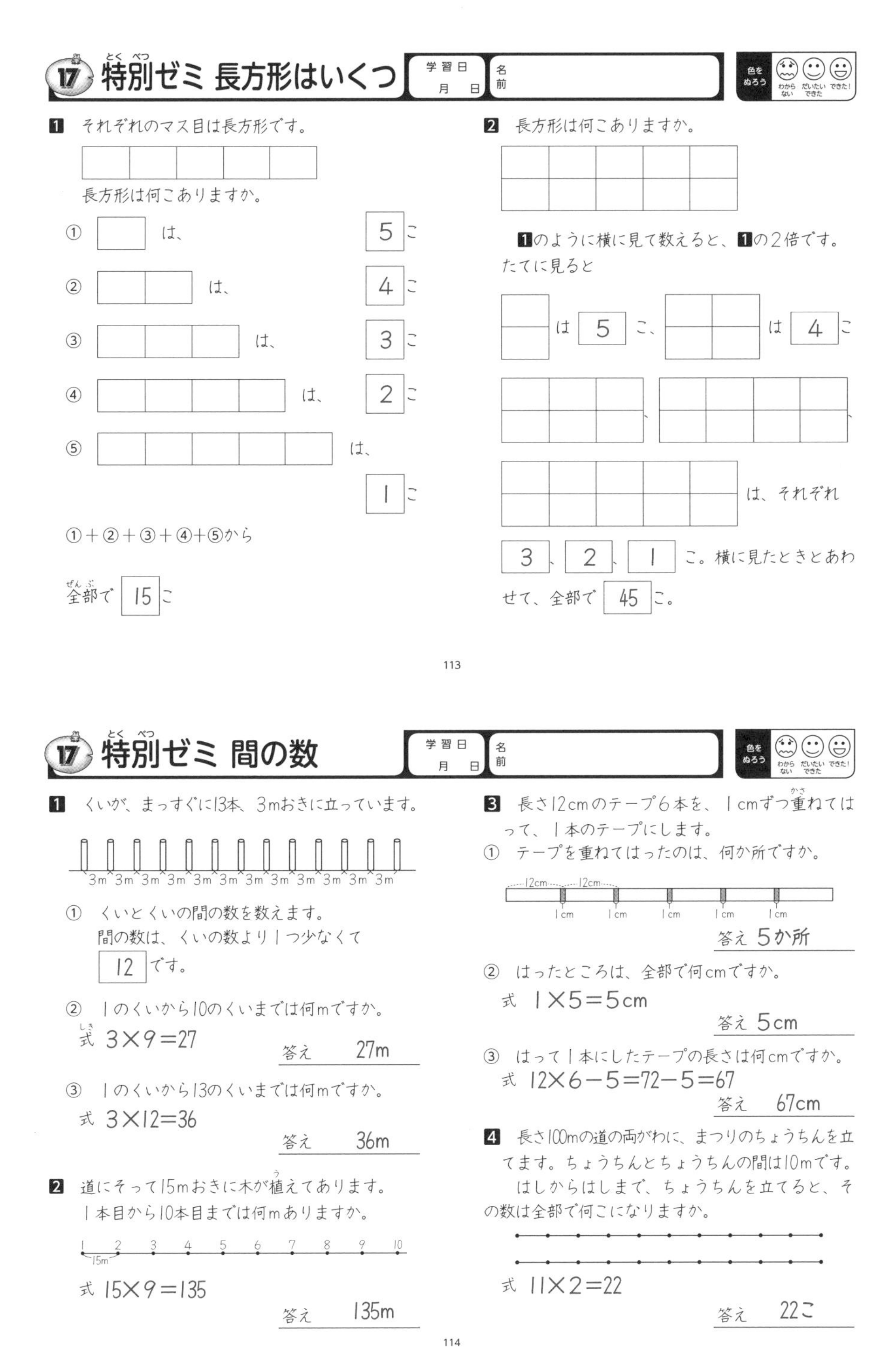

17 特別ゼミ 長方形はいくつ

学習日　月　日　名前

色をぬろう　わからない　だいたいできた　できた！

1 それぞれのマス目は長方形です。

長方形は何こありますか。

① □ は、5こ

② □□ は、4こ

③ □□□ は、3こ

④ □□□□ は、2こ

⑤ □□□□□ は、1こ

①＋②＋③＋④＋⑤から

全部で 15こ

2 長方形は何こありますか。

1のように横に見て数えると、**1**の２倍です。
たてに見ると

は 5こ、は 4こ

、、

は、それぞれ

3、2、1こ。横に見たときとあわせて、全部で 45こ。

113

17 特別ゼミ 間の数

学習日　月　日　名前

色をぬろう　わからない　だいたいできた　できた！

1 くいが、まっすぐに13本、3mおきに立っています。

3m 3m 3m 3m 3m 3m 3m 3m 3m 3m 3m 3m

① くいとくいの間の数を数えます。
間の数は、くいの数より１つ少なくて
12です。

② １のくいから10のくいまでは何mですか。
式 3×9＝27　　答え　27m

③ １のくいから13のくいまでは何mですか。
式 3×12＝36　　答え　36m

2 道にそって15mおきに木が植えてあります。
１本目から10本目までは何mありますか。

1 2 3 4 5 6 7 8 9 10
15m

式 15×9＝135　　答え　135m

3 長さ12cmのテープ６本を、１cmずつ重ねてはって、１本のテープにします。

① テープを重ねてはったのは、何か所ですか。

12cm 12cm
1cm 1cm 1cm 1cm 1cm

答え 5か所

② はったところは、全部で何cmですか。
式 1×5＝5cm　　答え 5cm

③ はって１本にしたテープの長さは何cmですか。
式 12×6－5＝72－5＝67　　答え　67cm

4 長さ100mの道の両がわに、まつりのちょうちんを立てます。ちょうちんとちょうちんの間は10mです。
はしからはしまで、ちょうちんを立てると、その数は全部で何こになりますか。

式 11×2＝22　　答え　22こ

114

基礎から活用まで　まるっと算数プリント　小学3年生

2020年１月20日　発行

●著　者　金井　敬之　他

●企　画　清風堂書店

●発行所　フォーラム・A
〒530－0056　大阪市北区兎我野町15－13
TEL：06(6365)5606／FAX：06(6365)5607
振替　00970－3－127184

●発行者　蒔田　司郎

●表紙デザイン　ウエナカデザイン事務所

書籍情報などは
フォーラム・Aホームページまで
http://foruma.co.jp